高等院校**数字艺术**
精品课程系列教材

DIGITAL ART

H5 页面设计
（Mugeda 版）

微课版

U0276562

张卫东 薛卫星 王晓翠◎主编

王乾春 朱戎 李延杰 张慧杰◎副主编

人民邮电出版社
北 京

图书在版编目（CIP）数据

H5页面设计：Mugeda版：微课版 / 张卫东，薛卫星，王晓翠主编. -- 北京：人民邮电出版社，2024.8
高等院校数字艺术精品课程系列教材
ISBN 978-7-115-64290-5

Ⅰ. ①H… Ⅱ. ①张… ②薛… ③王… Ⅲ. ①超文本标记语言－程序设计－高等学校－教材 Ⅳ. ①TP312.8

中国国家版本馆CIP数据核字(2024)第082119号

内 容 提 要

本书系统地介绍使用 Mugeda 设计 H5 页面的方法，首先介绍 H5 页面和 Mugeda 的基础知识；然后详细讲解绘制与调整图形，添加媒体文件与文字，制作动画，行为、触发条件与控件，以及关联与表单等内容，帮助读者逐渐掌握使用 Mugeda 制作 H5 页面的方法；最后通过综合实训——设计企业招聘 H5 页面，带领读者对所学知识进行综合运用。

本书采用章节式体例结构，将理论与实际操作联系起来，讲解深入浅出，并且设计了丰富的知识栏目，提供了实战案例和综合训练。此外，本书还配有丰富的多媒体教学资源，读者可扫描二维码观看。

本书可作为高等院校艺术设计、新媒体、数字媒体等专业相关课程的教材，也可供 H5 设计从业人员学习和参考。

- ◆ 主　　编　张卫东　薛卫星　王晓翠
　　副主编　王乾春　朱　戎　李延杰　张慧杰
　　责任编辑　闫子铭
　　责任印制　王　郁　焦志炜
- ◆ 人民邮电出版社出版发行　　北京市丰台区成寿寺路 11 号
　　邮编　100164　电子邮件　315@ptpress.com.cn
　　网址　https://www.ptpress.com.cn
　　北京捷迅佳彩印刷有限公司印刷
- ◆ 开本：787×1092　1/16
　　印张：11.75　　　　　　　　　2024 年 8 月第 1 版
　　字数：214 千字　　　　　　　2025 年 2 月北京第 2 次印刷

定价：69.80 元

读者服务热线：(010)81055256　印装质量热线：(010)81055316
反盗版热线：(010)81055315

前　言

党的二十大报告中，"创新"一词多次出现，这充分说明了创新对当今社会的重要性。尤其是在信息技术领域，创新正日益催生出新的挑战和机遇。H5作为信息技术领域一种全新的信息展示方式，被广泛应用于产品宣传、品牌推广、教育培训、活动展示等各行各业。

H5结合了文字、图片、音频、视频等多种元素，可以创造出生动、有趣的内容，呈现出更具吸引力、影响力和互动性的视觉效果，为用户带来全新的体验。在H5页面的设计过程中，Mugeda无疑是一个强大的工具，它不仅功能全面、操作方便，还提供了丰富的模板和素材库。无论是H5设计新手还是专业人士，Mugeda都能够满足其需求，并帮助其实现对H5页面的创新和突破，轻松地创建出精美的H5页面。

为了让更多人掌握使用Mugeda制作H5页面的方法，我们编写了本书，详细阐述了如何使用Mugeda来完成H5页面设计，帮助读者快速从零基础入门，逐步成长为设计高手。

本书特色

本书具有以下特色。

* 启智增慧。本书全面贯彻党的二十大精神，落实立德树人根本任务，以社会主义核心价值观为引领，引导学生了解中华优秀传统文化，坚定文化自信，树立社会责任感，弘扬工匠精神，提升设计素养。

* 化繁为简。本书将设计知识和软件内容的讲解化繁为简，并穿插真实案例，使读者"读得懂，学得会"，从而有助于读者掌握基础

知识和方法，取得更好的学习效果。

- 图文并茂。全书有大量H5页面实例，图文并茂的内容形式能够帮助读者理解知识，其美观的效果使读者"愿意学，看得进"，以沉浸式阅读体验来提升学习效果。

- 形式多样。本书设计不同的知识讲解形式，在每章开头提炼出学习导图，让读者对本章关键知识内容一目了然；文中穿插"知识补充""技术讲堂""人才素养"等栏目，以便有效地调节学习氛围，并让读者了解更多的知识，从而提高学习效率；涉及具体操作的小节还提供实战案例展示，第1~7章都有综合训练（第8章除外），从而将理论与实践联系起来，既可帮助读者巩固所学知识，又能锻炼读者的分析能力，培养读者的创新思维，提升读者的实践操作能力。

本书配套

为了便于开展教学活动，本书配有丰富的教学资源，包括精美的PPT、教学大纲、教学教案、题库练习软件（可生成试卷）等，有需要的读者可以访问人邮教育社区（https:// www.ryjiaoyu.com），通过搜索本书书名进行下载。

本书由张卫东、薛卫星、王晓翠任主编，王乾春、朱戎、李延杰、张慧杰任副主编。由于编者水平有限，书中难免存在不足之处，敬请广大读者批评指正。

编者

2024年5月

目 录

03

第3章 绘制与调整图形 48

04

第4章 添加媒体文件与 文字 77

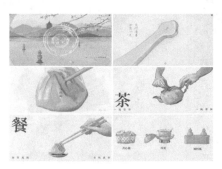

第 1 章　认识 H5 页面

H5 凭借其丰富多样的展现方式、强大的互动性和良好的视听体验得到了用户的广泛认可，因此越来越多的人选择使用 H5 来进行产品与品牌的宣传与推广，以提高用户关注度。在学习如何使用 H5 前，需要认识 H5 页面。

—— **知识目标**

1 了解 H5 的理论知识。
2 掌握 H5 页面的设计原则。
3 掌握 H5 页面的设计规范。
4 掌握 H5 页面的设计流程。

—— **素养目标**

1 学会在制作 H5 页面时以用户为中心来思考，注重用户需求和行为。
2 培养对 H5 页面的设计敏感度和审美意识，激发对 H5 页面设计的兴趣。

—— **学习导图**

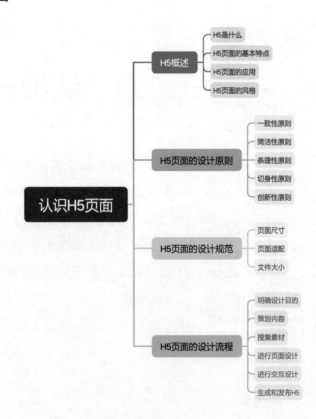

1.1 H5概述

在这个"数字化社交媒体时代"，H5为传统的信息传播方式注入了新的活力，给用户带来了全新的信息浏览体验，使用户享受到丰富的交互效果和动画特性。例如，H5活跃在各大社交平台，如微博、微信等，让用户获得了更好的互动体验。

1.1.1 H5是什么

在日常生活中，我们常见的网页大多使用超文本标记语言（Hyper Text Markup Language，HTML）进行编写，其中的"超文本"指的是页面内可以包含图片、链接、音乐、程序等非文字元素，"标记"则代表这些超文本必须通过起始标签和结束标签进行标记。而H5则是HTML5的缩写，HTML5是第5代超文本标记语言的简称。

HTML5引入了许多新的语义化元素、应用程序接口（Application Program Interface，API）和技术，为网页开发带来了巨大的变化。相比传统HTML页面，使用HTML5制作的页面不仅视觉效果有较大的提升，还具有较强的可操作性与互动性，并且展示方式多样、表现形式丰富、视听效果好。

图1-1所示为"2022大话之旅"H5页面，从内容设计上来看，该页面回顾了《大话西游2》的点滴；从效果的设计上来看，页面采用动画的形式，集文字、插画、动态效果于一体，不但视觉效果美观，而且趣味十足、互动性强。

▲ 图1-1 "2022大话之旅"H5页面

技术讲堂

H5和H5页面从语境和使用习惯上可进行区分。

• H5。H5是指HTML5技术标准，包括HTML、CSS（Cascading Style Sheets，串联样式表）和JavaScript等相关技术的最新版本和规范。

• H5页面。H5页面则是指基于HTML5技术标准开发的具体网页页面，通常包括HTML、CSS、JavaScript等内容。H5页面可以在各种终端设备和平台上展示，通常具有跨平台性、易传播性、多媒体性、互动性等特点。

1.1.2　H5页面的基本特点

一般来说，一个优秀的H5页面应该具备以下特点。

• 兼容性强。H5页面可以在各种操作系统（如Windows、macOS、iOS和Android等）和不同设备（如计算机设备、移动设备和智能电视等）上展示，具有极强的兼容性。

• 支持多媒体。H5页面中可以包含文字、图像、动画、音频、视频等媒体元素，设计师可以综合应用多种媒体元素设计出具有吸引力的H5页面，从而更好地传递信息，提升用户体验。

• 互动性强。H5页面可以通过手势交互、硬件交互（如摄像头、陀螺仪等）以及技术交互（如滑动、拖动、点击等）等方式，实现更多样化、个性化的互动，以增强用户的参与感，提升用户体验和留存率。

1.1.3　H5页面的应用

H5页面的应用很广，比较常见的是在营销推广方面的应用，如活动宣传、产品展示或推广、品牌宣传、公益宣传等。

• 活动宣传。H5页面不仅可以直观地传达活动信息，如展会、演唱会、促销活动等，还能通过富有创意和互动性的设计，如添加动画效果、设置问答、抽奖、竞猜、领取优惠券等，吸引用户的注意力，增加用户对活动的兴趣。图1-2所示为用于活动宣传的H5页面，其中左侧2张图片主要通过领取福利的方式进行活动宣传，右侧2张图片采用游戏的方式进行活动宣传。

• 产品展示或推广。H5页面不仅可以通过图片、视频、动画等元素的结合，生动形象地展示产品的特点、功能、优势及使用场景，还能让用户与产品进行互动。例如让用户参与产品介绍的问答游戏、产品体验游戏，亲身感受产品的特色和优势，提升用户对产品的好感。此外，H5页面也能通过推广活动，如分享有奖、参与有奖、达人推广等方式推广产品。图1-3所示的H5页面通过实物图片、功能性文字描述和动画充分展示了智能马桶的优势。

▲ 图1-2 用于活动宣传的H5页面

▲ 图1-3 展示智能马桶的H5页面

- 品牌宣传。H5页面可以通过定制个性化的品牌宣传内容，或在页面中添加品牌元素（如品牌Logo、品牌吉祥物、品牌标语等），突出品牌的个性和特色，传达品牌的形象和价值观，让用户深入了解品牌，对品牌产生认同感。此外，页面中的品牌互动活动可以激励用户通过社交渠道分享该H5页面，从而扩大品牌的影响力，提高品牌的知名度。图1-4所示为"蚂蚁森林"H5页面，该页面以森林为主要设计元素，突出了品牌的特色，从而达到品牌宣传的目的。

- 公益宣传。H5页面可以通过实景展示、危害提醒、故事叙述、情景模拟等方式，引发用户共鸣并参与公益活动，从而达到公益宣传的目的。图1-5所示为"跟着阿猫去流浪"H5公益广告，该H5公益广告以第一视角带领用户进入情景，让用户体会到流浪猫生存的艰辛，以此引发用户对流浪猫的同情，从而达到公益宣传的目的。

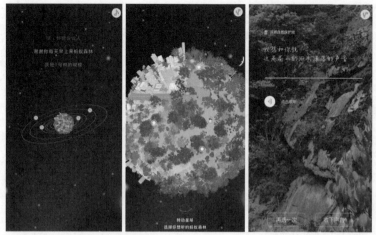

▲ 图1-4 "蚂蚁森林" H5页面

▲ 图1-5 "跟着阿猫去流浪" H5公益广告

1.1.4　H5页面的风格

H5页面有多种风格，每种风格都有各自的特点和适用场景，设计师应选择适合目标用户和宣传目的的风格。

• 扁平化风格。扁平化风格是一种简洁、直观的设计风格，强调简化和去除冗余的元素，通常使用明亮的颜色、简单的图标和平面化的图形元素，使页面看起来清晰、简洁。扁平化风格常用于教育、商品促销等H5页面。图1-6所示为扁平化风格的H5页面效果。

• 水墨风格。水墨风格以中国传统水墨画为灵感，追求自然、简约、含蓄的美感，通常使用黑白灰以及柔和的中性色调，结合流畅的笔触和淡雅的纹理，营造出独特的东方韵味。水墨风格常用于企业宣传、游戏等H5页面。图1-7所示为水墨风格的H5页面效果。

▲ 图1-6　扁平化风格的H5页面效果

▲ 图1-7　水墨风格的H5页面效果

- 实景风格。实景风格使用真实的照片或视频作为背景，营造出逼真的环境，常用于展示旅游景点、房地产项目等，以展示真实场景。图1-8所示为实景风格的H5页面效果。

- 科技风格。科技风格的H5页面通常采用冷暖色调的搭配，如将冷色调（如蓝色、青色）与暖色调（如橙色、黄色）相结合，这种搭配能够营造出对比鲜明的视觉效果。科技风格的H5页面还会使用一些光效素材增强页面的科技感，如流光、线条、粒子等，以吸引用户注意，并增加页面的视觉冲击力。科技风格常用于互联网、科技创新等H5页面。图1-9所示为科技风格的H5页面效果。

- 卡通风格。卡通风格通常使用简化和夸张的形式表现人物或物体，用色明亮、饱满，形态夸张、可爱，常用于商品宣传、品牌宣传等H5页面。图1-10所示为卡通风格的H5页面效果。

▲ 图1-8　实景风格的H5页面效果

▲ 图1-9　科技风格的H5页面效果

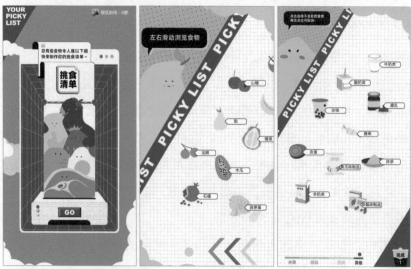

▲ 图1-10　卡通风格的H5页面效果

● 混合风格。混合风格是指结合多种风格元素创造出独特的视觉效果。例如，扁平化风格与实景风格的结合可以展现出兼具平面感与立体感的独特效果；水墨风格与实景风格的结合可以营造出富有诗意的氛围。混合风格常用于商品推广、旅行宣传等H5页面。图1-11所示为混合风格的H5页面效果，其中既有实景风格的宠物图片，也有卡通风格的各种形象和食物图片。

▲ 图1-11　混合风格的H5页面效果

1.2　H5页面的设计原则

H5页面的设计应该保持一致性、简洁性、条理性和切身性，并且其内容要具备创新性，这样的H5页面才更容易打动用户，提升用户体验。

1.2.1　一致性原则

一致性原则贯穿H5页面设计的全过程，在设计H5页面时，页面的版式、文字字体，以及图片或图形的颜色、风格、色调等要做到基本统一和协调；在展示页面内容时，内容主题和动效风格设置需要保持一致等。

图1-12所示为"AE动效设计"课程的H5页面，该页面均以蓝色为背景色，以黄色和黑色为辅助色，采用扁平化风格，以及与风格统一的图形和文字元素，直观地展现了课程信息。

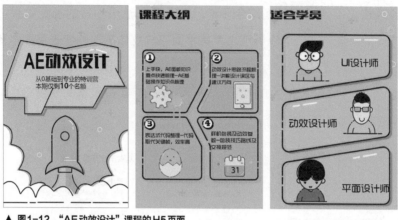

▲ 图1-12 "AE动效设计"课程的H5页面

1.2.2 简洁性原则

H5页面中如果存在大量内容会显得页面杂乱无章，降低用户的浏览兴趣。因此，在设计H5页面时需始终坚持简洁性原则，可对内容进行删减并简化布局，专注于核心内容的展示，避免过多的装饰和复杂的元素，同时适当留白，使页面看起来清晰和整洁，以帮助用户更好地理解H5页面中的内容。

图1-13所示为"一颗胶囊的神奇之旅"H5页面。该页面在内容上采用图文搭配的方式，图片直观、简洁，无过多装饰，直接展现需要传达的内容；简明、扼要的文字则对图片内容进行解释，使页面更加清晰、易懂。

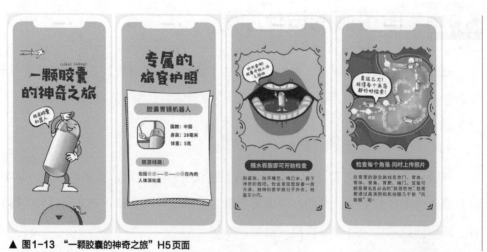

▲ 图1-13 "一颗胶囊的神奇之旅"H5页面

1.2.3 条理性原则

设计师在设计H5页面前需要梳理内容，分清主次关系，先展示比较简单的内容，然后依次展示更复杂的内容，由易到难，循序渐进。为了避免用户难以理解内容，在进行H5页面设计时最好做到"一个页面只讲一件事"。

图1-14所示为"腾讯应急"H5页面，共5个场景，分别为校园、家庭、乡村、社区、企业，各场景内容主次分明、条理清楚。

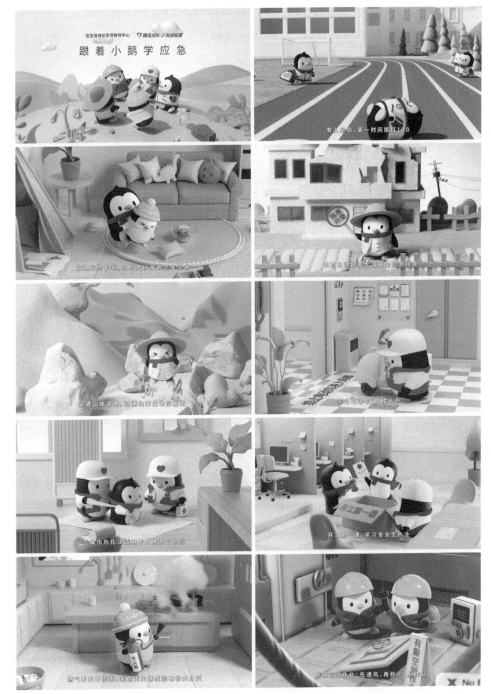

▲ 图1-14 "腾讯应急"H5页面

1.2.4 切身性原则

切身性原则需要设计师从用户熟悉的生活和热点事件中寻找突破点或共鸣点，并将其以创意的方式呈现出来。例如运用动画、插画、互动性元素等来营造令人印象深刻的视觉效果，引发用户共鸣，加深用户印象，从而达到信息传播的目的。

图1-15所示为品牌招商H5页面。该H5页面以用户切身关注的问题为出发点（如牧场、牧草、土地和奶牛等是否优质），然后通过对产品的详细介绍，使用户感受到该品牌对这些问题的注重程度，引发用户的共鸣和认同。

▲ 图1-15 品牌招商H5页面

1.2.5 创新性原则

创新的内容更容易引起用户的好奇心，让用户主动去传播与分享，因此，创新性是H5页面设计必不可少的原则之一。设计师可以使用不同的字体、大小、颜色和样式，创造出独特的视觉效果，也可以使用有趣的文案和口号来吸引用户的注意力，并激发他们的兴趣。除此之外，还可以运用图片、视频、动画等媒体元素，使页面更加生动、有趣；或是通过讲述一个有趣的故事或在页面中呈现一个生动的场景，以彰显页面的设计感。

图1-16所示为"夫人瓷·西湖蓝"H5页面。该页面采用插画的方式将产品融入生活场景中，在具有美观性的同时也具有创新性。

人才素养　设计师在进行H5页面设计时，可从多个角度了解优秀H5设计作品的创意来源、文案构思及设计风格，吸收并运用其中的创意点，日积月累，提升创意思维能力，以形成自己的独特风格。

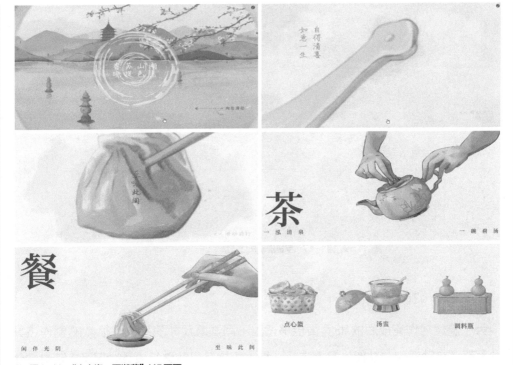

▲ 图1-16 "夫人瓷·西湖蓝" H5页面

1.3 H5 页面的设计规范

为了适应不同的需求，确保H5页面在不同的设备或平台上呈现良好的效果，提供良好的用户体验，H5页面的设计往往在尺寸、页面适配、文件大小等方面有一定的要求和规范。

1.3.1 页面尺寸

由于H5页面具有跨平台性，可以在不同的终端上展示，因此还需要使H5页面的尺寸能够满足不同终端的屏幕大小。

手机是最常见的终端设备之一，设计H5页面时可根据特定手机型号的屏幕尺寸进行设计。虽然型号不同的手机尺寸不同，但目前H5页面普遍采用的页面尺寸是在640像素×1136像素的基础上，减去微信或浏览器观看时的手机顶部高度128像素，得到最终的H5页面尺寸640像素×1008像素。图1-17所示为手机屏幕尺寸示意。

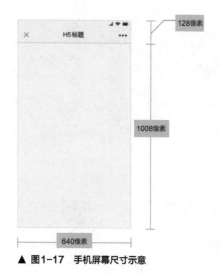

▲ 图1-17　手机屏幕尺寸示意

1.3.2　页面适配

为了确保制作完成后的H5页面能够适配不同屏幕尺寸的手机，很多H5制作工具或平台都有"自动适配"功能，只需选择一种手机屏幕尺寸进行设计，即可实现对其他手机屏幕尺寸的适配。但由于不同手机屏幕的长宽比例存在差异，在使用"自动适配"功能后，仍可能出现部分页面边缘区域无法完整显示的情况。为了避免这种情况出现，设计师可以将重要内容居中放在安全框中（安全框指手机屏幕中可以完整显示内容的安全区域，该区域不会被屏幕裁剪或者遮挡），以确保其在各种屏幕上都能够清晰展示。为了测试页面适配效果，可以生成二维码并在手机端进行预览，这样可以更准确地判断页面在手机上的实际显示效果，以进行调整和优化。

1.3.3　文件大小

一般情况下，如果H5页面的加载时间超过5秒，用户就会感觉页面卡顿，可能导致用户直接关闭页面。而这种页面加载缓慢的情况，大多是由于文件过大造成的。因此，很多H5设计平台都会对添加的文件的大小有一定的要求。以Mugeda为例，该平台要求一张图片不超过10 MB，一个视频不超过20 MB。当图片或视频过大时，可对素材进行压缩，减小H5文件的大小，以免出现加载时间过长的情况。

- 图片压缩。常用的H5图片素材主要有PNG和JPEG两种格式，可使用Photoshop来进行压缩。设计师只需启动Photoshop，打开需要压缩的素材，然后选择【文件】/【导出】/【存储为Web所用格式（旧版）】命令，打开"存储为Web所用格式（100%）"对话框，如图1-18所示，在其中减小品质和图像大小参数，从而压缩图片。

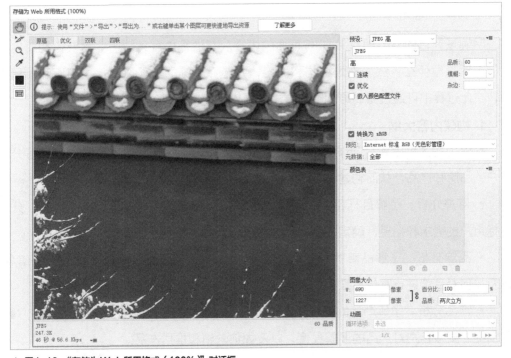

▲ 图1-18 "存储为Web所用格式（100%）"对话框

- 视频压缩。压缩视频可以使用专业的多媒体文件处理软件，如格式工厂等。也可使用一些在线编辑器来完成，如Video2Edit等，设计师无须下载和安装，只需在其网站首页选择"压缩影片"选项，打开"在线压缩视频"页面，将需要压缩的视频拖动到紫色的方块中，在其下方还可设置文件大小和格式，单击 >开始 按钮后便可压缩视频。

1.4 H5页面的设计流程

设计H5页面时，设计师需要先明确设计目的，然后根据用户需求进行内容策划，并完成原型图的绘制，再进行素材的收集以及H5页面设计、交互设计，最后生成和发布H5。

1.4.1 明确设计目的

在设计之初，客户往往会提供设计需求，设计师需要先仔细阅读设计需求，理解H5页面的整体目标和设计目的。明确到底要做什么，需要在其中表达什么内容，并将重点信息罗列出来，确定H5页面所要实现的具体目标，如宣传企业形象、提高品牌知名度、推广产品或服务等，为H5页面的内容策划提供方向。

1.4.2 策划内容

明确设计目的后，即可策划H5页面的内容。在进行内容策划时，需要先构建内容大纲，明确做什么；然后规划结构和内容，并选择内容的表现风格；再组织和布局内容，在此过程中可通过绘制原型图的方式展现内容。

1. 构建内容大纲

构建内容大纲是设计H5页面较为重要的一环，设计师明确设计目的后，即可分析用户、品牌和产品，从而构建H5页面内容的大纲。

- 用户分析。了解目标用户的年龄、性别、受教育程度、兴趣和行为习惯，分析目标用户的需求和期望，确定内容大纲中需要包含的关键信息。
- 品牌分析。了解品牌的声誉和风格定位，确定H5页面应体现品牌的哪些信息，以及如何对品牌进行宣传与推广。
- 产品分析。了解产品的功能、卖点和定位，确定H5页面应展示产品的哪些方面，如何提升更多用户对产品的了解程度，以及如何营销和推广产品。

根据用户分析、品牌分析和产品分析的结果，罗列出需要在H5页面中传达的主题和核心信息。按照逻辑顺序，将主题和各个信息组织成结构清晰、层次分明的大纲，大纲一般需要说明设计目的、核心主题、设计手法、所用元素等。

2. 规划结构和内容

根据内容大纲来规划结构和内容，整个规划过程可分为4步。

- 组织相关内容。根据内容大纲，对主要内容的相关性和从属关系进行组织和划分，考虑哪些内容需要在同一页展示，哪些内容可以分散到不同页面中展示。
- 划分页面结构。根据内容的数量和相关性，确定H5页面的结构和页数。考虑整体的叙述逻辑和页面间的衔接性，确保用户能够顺利浏览和理解每一页内容。
- 确定每一页的核心内容。根据设计目的和内容需求，确定每一页的重点和焦点，明确每一页要传达的主题和核心信息。
- 决定内容的呈现形式。根据内容大纲和设计需求，决定每项内容的呈现形式，如文本、图片、视频、动画等，考虑如何利用空间和媒体元素来传达信息，以吸引用户的注意力。

3. 选择内容风格

选择合适的风格能够提升H5页面的吸引力、可读性和用户体验。不同的内容其适合的风格存在差别，设计师可以从目标用户和品牌的需求等方面进行考虑。另外，不同风格的设计效果不同，设计师应注意选择合适的表现方式，如扁平化风格强调简洁和平面化，常采用简单、明快的图形和色块来表现。

4. 组织和布局内容

当确定整个H5页面的内容和风格后，可采用原型图的方式对内容进行组织和布局。一般来说，设计师常通过软件或手绘的方式绘制H5页面原型图，在绘制原型图的过程中，设计师还可与企业管理者、产品管理者、内容策划者等沟通，确保在进行H5页面的设计时能够更加全面地了解设计内容、设计难点和设计周期等情况。

图1-19所示为使用Illustrator绘制的茶饮产品H5页面原型图，从原型图可以看出该H5页面主要分为8屏：第1屏是首页（展现封面和主副标题），第2屏是品牌介绍（介绍品牌门店），第3屏是品茶（介绍茶饮产品），第4屏是好物（介绍优质产品），第5屏是茶树（展示真实场景），第6屏是茶山（展示视频），第7屏是地址（介绍门店位置），第8屏是总结（总结收尾）。在H5页面原型图的中间区域可对展现的内容进行描述，如有交互内容，设计师也可根据描述进行添加和制作；在H5页面原型图的下侧，可通过文字对主要内容进行说明，以方便后期制作。

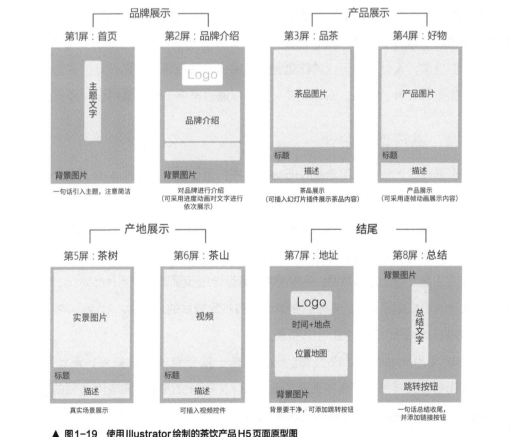

▲ 图1-19 使用Illustrator绘制的茶饮产品H5页面原型图

图1-20所示为手绘原型图，也需要直观地展示H5页面内容。

▲ 图1-20　手绘原型图

1.4.3　搜集素材

完成原型图的绘制后，需要根据原型图标注的内容来搜集素材，常见的素材有文案、图片、视频、音效等。通常来说，与企业产品和活动相关的文字、图片、视频等资源，主要由企业提供，设计师也可以前往企业进行拍摄与录制等；页面设计的装饰素材、美化素材，如页面背景、按钮、图标等素材，可以通过网络下载，或由设计师自行设计。

1.4.4　进行页面设计

搜集完素材后，便可使用专业的H5编辑器进行页面设计。以Mugeda为例，可使用以下3种方式设计H5页面。

- 使用模板设计H5页面。在Mugeda中选择合适的模板，并将之前搜集的素材添加到编辑器中，替换模板内容，如图1-21所示。

- 使用图像工具设计H5页面。使用图像工具设计H5页面时多使用Photoshop、Illustrator等。在设计时可根据原型图的要求绘制页面，再将完成后的页面导入Mugeda中。图1-22所示为使用Photoshop设计抢红包H5页面。

- 直接使用Mugeda设计H5页面。Mugeda是一款专业的H5编辑器，设计师可直接在其中使用各种工具绘制和调整图形，添加媒体文件与文字等，完成H5页面的设计。图1-23所示为使用Mugeda设计节约用水H5页面。

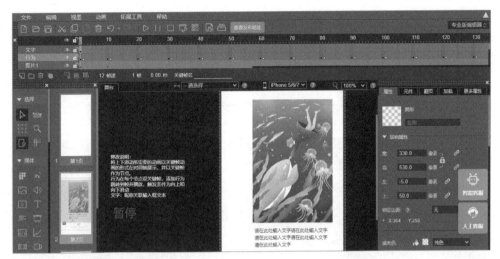

▲ 图1-21 使用模板设计H5页面

▲ 图1-22 使用Photoshop设计抢红包H5页面

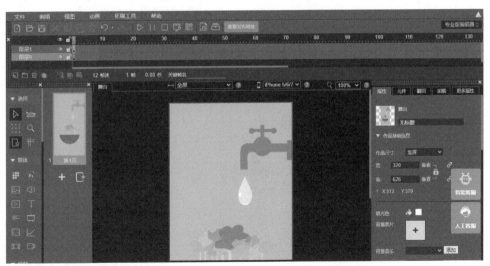

▲ 图1-23 使用Mugeda设计节约用水H5页面

1.4.5　进行交互设计

　　使用模板设计的H5页面，大多已经包含交互效果。而对于使用图像工具或直接使用Mugeda设计的H5页面，则要根据需求依次对页面中的元素添加动画、音效、互动等，使其具有交互效果。图1-24所示为在Mugeda中为节约用水H5页面添加预设动画。

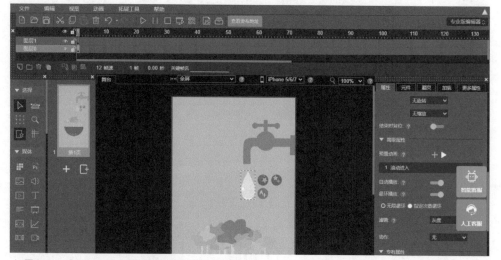

▲ 图1-24　在Mugeda中为节约用水H5页面添加预设动画

1.4.6　生成和发布H5

　　完成H5的交互设计后，即可预览完成后的效果。若需要将H5发布到微信或网页中，可在发布页面通过二维码或链接的方式生成与发布H5。图1-25所示为节约用水H5广告的发布页面。

▲ 图1-25　节约用水H5广告的发布页面

分析《方寸之间看徽州》拼图H5游戏

1. 实训背景

徽州历史悠久，是著名的旅游城市。为了提升城市影响力，促进城市游客量增长，某旅行公司制作了《方寸之间看徽州》拼图H5游戏，希望通过游戏的方式介绍徽州的著名景点（见图1-26），让用户在游戏过程中了解这些景点，提升到徽州旅游的兴趣。现要求分析《方寸之间看徽州》拼图H5游戏的特点、页面布局和互动性，从而巩固和进一步熟悉H5页面设计的相关知识。

▲ 图1-26 《方寸之间看徽州》拼图H5游戏

2. 实训目标

（1）通过观察H5页面的整体效果，判断该H5页面的风格和特点。

（2）通过分析H5页面的色彩、布局方式，深刻体会H5页面设计原则的应用。

3. 任务实施

步骤提示如下。

（1）从风格分析。观察该H5页面，可发现该H5页面为水墨风格，整个页面背景采用了柔和的色调和墨迹晕染的方式，体现出了画面质感，并结合山水、房屋、印章等元素塑造平静、幽远的意境。

（2）从页面布局分析。该H5所有页面的背景采用相同的布局方式，虽然内部画面存在变化，但整体仍具有统一性。

（3）从互动性角度分析。该H5页面采用拼图游戏的方式进行互动，相比直接介绍景区的H5页面，更有创意和趣味性，更能引发用户积极参与。

知识拓展

为了打造出成功的H5页面，H5设计师需要具备以下素养。

- 对H5页面设计感兴趣。俗话说"兴趣是最好的老师"，即便暂时没有H5页面设计能力，但只要对其感兴趣，愿意花费时间学习，就有望成为一名优秀的H5设计师。

- 养成随时收集灵感的好习惯。H5页面设计是一个不断积累的过程，在这个过程中要不断观察世界，保持创作状态，培养对事物的敏感度，养成随时收集灵感的好习惯。所谓"胸中有丘壑，笔下自华章"，一个出色的H5设计师首先应该广泛涉猎各种知识，有意识地进行知识积累，培养自己对美的感受能力，在设计H5页面时才能触类旁通。

- 具备艺术表现力。艺术表现力体现在两方面：一是艺术功底，设计师应具有扎实的美术功底和对美好事物的鉴赏能力；二是创作能力，设计师应掌握基本的图像处理与设计能力，能够熟练使用Photoshop、Dreamweaver等设计软件，还要具备使用H5页面编辑工具（如MAKA、人人秀、Mugeda等）的能力，能将艺术性的想法具象化为作品。

- 适应用户需求。适应用户需求是指H5设计师能通过图片、动效或视频等准确地向用户展示H5页面内容，针对用户的关注点制作出适应用户需求的作品。例如，通过图片、动效、文字、色彩搭配，表现出企业、活动、产品的独特性；从运营、推广、数据分析的角度去思考如何提高H5页面的点击率，获得更高的转化率等。

- 不断创新。创新是H5设计的灵魂，创新能力是一个优秀H5设计师必备的基本素质。H5设计师首先应有创新意识，然后时刻关注H5的发展趋势，最后根据现实需求进行H5页面设计。

- 具有良好的群体意识和协调能力。现代H5设计往往涉及多个领域，因此，在进行H5设计时，H5设计师需有良好的群体意识和协调能力，能尊重他人的意见和想法，善于与人共事，具备协调合作的团队精神。

- 懂得自我提升。H5设计师只有不断地去提升自己的能力和思维认知水平，增强个人核心竞争力，才能够在这一行业长久地发展。设计能力的提高必须在不断地学习和实践中进行，H5设计师需要不断扩充自己的知识和技能，让设计更加符合需求。

本章小结

本章首先介绍了H5的含义，其页面具有兼容性强、支持多媒体性和互动性强等特点，广泛应用于活动宣传、产品展示或推广、品牌宣传和公益宣传等方面，其设计风格也多种多样，包括扁平化风格、水墨风格、实景风格等。

接着，本章深入探讨了H5页面的设计原则，包括一致性原则、简洁性原则、条理性原则、切身性原则、创新性原则等，以帮助我们规范H5页面设计，使最终页面效果符合用户的审美和需求。

再次，为了设计出符合要求的H5页面，本章还介绍了H5页面设计规范，包括页面尺寸的选择、页面适配的考虑、素材文件的压缩等，遵循这些规范可以提高页面的加载速度和兼容性，为用户带来更好的体验。

最后，本章详细介绍了H5页面的设计流程，从明确设计目的，进行内容策划，搜集素材，进行页面设计、交互设计，到最终的生成与发布。这一设计流程将帮助设计师们有条不紊地完成H5页面设计工作，并确保达到预期效果。

综上所述，本章通过对H5页面设计的概述、设计原则、设计规范和设计流程的介绍，帮助设计师全面认识和理解H5页面设计，为后期进行H5设计奠定了基础，也为H5设计效果提供了一定的衡量标准，有助于设计师设计出令人满意的H5页面作品。

课后习题

1. 单项选择题

（1）"超文本标记语言"的英文缩写为（　　）。

　　A. HTML　　　　　B. HTML4　　　　C. HTML3　　　　D. HTML5

（2）下列类型中，为了增加用户的互动性而设计的H5页面是（　　）。

　　A. 互动活动　　　　　　　　　　　B. 活动运营

　　C. 商品信息展示　　　　　　　　　D. 总结报告

（3）主要体现电子化、高科技的H5页面设计风格是（　　）。

　　A. 水墨风格　　　B. 简约风格　　　C. 科幻风格　　　D. 混合风格

（4）具有浓郁古典韵味的H5页面设计风格是（　　）。

　　A. 水墨风格　　　B. 卡通风格　　　C. 科幻风格　　　D. 混合风格

（5）在日常生活中，常用的H5页面适用的手机屏幕尺寸是（　　）。

　　A. 640像素 × 1080像素　　　　　B. 640像素 × 1136像素

　　C. 750像素 × 1080像素　　　　　D. 1080像素 × 1920像素

2. 多项选择题

（1）下列选项中，属于H5页面的基本特点的是（　　）。

　　A. 兼容性强　　　B. 易传播性　　　C. 多媒体性　　　D. 互动性

（2）H5页面设计风格有（　　）。

　　A. 水墨风格　　　B. 卡通风格　　　C. 科幻风格　　　D. 混合风格

（3）H5页面设计原则包括（　　）。

　　A. 一致性原则　　　B. 简洁性原则　　C. 条理性原则　　D. 原创性原则

3. 简答题

（1）如何理解H5与H5页面，二者有什么区别和联系？

（2）列举H5页面的设计原则，并举例分析某个H5页面设计对这些原则的遵循情况。

（3）简要说明 H5 页面的不同设计风格。

4. 实操题

（1）鉴赏图1-27所示的草莓音乐节H5页面，分析其设计风格并对该风格的特点进行介绍。

（2）鉴赏图1-28所示的音乐公益H5页面，分析其风格，并简述其遵循的设计原则。

▲ 图1-27 草莓音乐节H5页面

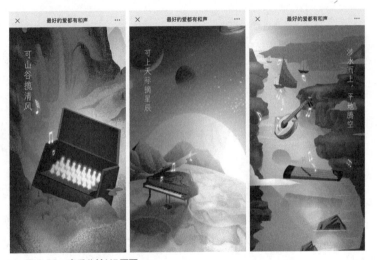

▲ 图1-28 音乐公益H5页面

第2章　Mugeda的基本操作

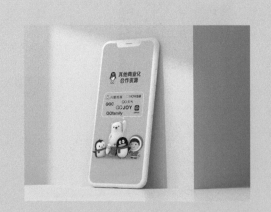

Mugeda是一个H5页面在线开发平台，具有功能强大、易学、易操作等特点。设计师利用Mugeda可以设计制作出表现形式丰富、画面美观的H5页面，为此，在学习制作H5页面前，需要了解Mugeda的基本操作。

—— 知识目标

1　了解Mugeda的基础知识。

2　掌握新建、管理和发布H5的方法。

3　掌握模板管理与素材管理的方法。

4　认识Mugeda中的H5编辑器界面。

—— 素养目标

1　拓展知识面，以及提高自身的设计感知能力与理解能力。

2　培养使用Mugeda设计H5页面的兴趣。

—— 学习导图

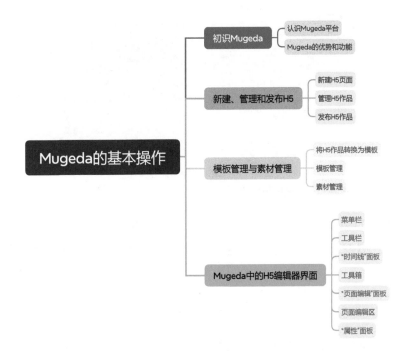

2.1 初识Mugeda

Mugeda（木疙瘩）是一个专业级H5交互动画制作云平台，设计师无须进行下载和安装，在浏览器中即可直接使用。在学习如何使用Mugeda前，先来认识Mugeda平台，了解其基本功能。

2.1.1 认识Mugeda平台

Mugeda内置功能强大的API，拥有业界较强的动画编辑能力和较为自由的创作空间，设计师和团队在浏览器中就可以直接使用Mugeda创建表现力丰富的交互动画，高效地完成H5的制作发布、账号管理、协同工作、数据收集等。图2-1所示为Mugeda平台。

▲ 图2-1 Mugeda平台

另外，Mugeda除了可用于H5的制作，还可用于一站式制作有关App、微信公众号、网页等的内容，以及编辑与处理图片、视频、数据图表等素材，充分满足大部分内容生产者的需求。

知识补充

  设计H5页面时，除了使用Mugeda，还可以使用其他制作工具。例如，人人秀、易企秀、兔展、意派Epub360等，每种工具都有各自的特点，用户可根据需要进行合理选择。

2.1.2 Mugeda的优势和功能

Mugeda作为一款专业的H5页面制作工具，具有以下优势和功能。

1. Mugeda的优势

现在能够制作H5页面的工具有很多，而Mugeda作为当下使用较多的H5页面制作工具，相较于其他工具有以下优势。

- 操作简单。Mugeda的操作界面干净、简洁，设计师易上手，学习成本不高。

- 提供可视化制作工具。Mugeda提供了直观的可视化制作工具，让设计师可以在不编写代码的情况下，通过拖曳、调整属性和设置参数等简单的操作，完成复杂的交互设计。

- 支持跨平台。Mugeda制作的H5作品可在多种平台和设备上播放，设计师可通过生成二维码或者导出发布的方式，将作品分享给其他人，让他们可以随时随地浏览H5作品。

2. Mugeda的功能

Mugeda作为功能强大、素材丰富的H5页面制作工具，主要有以下功能。

- 云计算功能。Mugeda无须下载和安装任何插件，能直接在支持HTML5的浏览器中运行。

- 矢量造型功能。Mugeda具有基于贝塞尔曲线的绘制、形状组合、控制点编辑、可缩放矢量图形（Scalable Vector Graphics，SVG）渲染、动态绘制等矢量造型功能，能快速完成H5的内容制作。

- 动画设计功能。Mugeda具有图层、路径、镜头、遮罩等专业动画功能，能轻松创建专业酷炫的H5动画效果。

- 导出功能。完成H5页面的设计后，Mugeda还支持将H5页面效果导出为多种类型，包括动画、视频和图片等，以满足不同需求和应用场景。

- 企业账号和团队管理功能。企业账号可以通过团队管理页面添加成员，并管理团队成员和H5页面作品。同时，团队成员之间还可以共享和协作H5页面作品，提高团队合作效率。

2.2 新建、管理和发布H5

在制作H5页面前，需要新建H5页面，然后才能进行其他操作，若需要调整H5作品的位置或修改H5作品的名称等，可通过H5作品的管理操作来进行，最后可将完成后的作品进行发布。

2.2.1 新建H5页面

登录Mugeda后，在工作台首页的左侧导航窗格中，单击 + 新建作品 按钮，在打开的下拉列表中罗列了可新建的作品类目。Mugeda针对H5提供了专业版编辑器、简约版编辑器、模板编辑器3种类型，如图2-2所示，本书选择的是H5（专业版编辑器）。

▲ 图2-2　Mugeda中可新建的H5类型

 技术讲堂　若是第一次打开Mugeda，在新建作品前，需要注册和登录Mugeda账号。首先进入Mugeda平台，然后单击 免费注册 按钮，进入账号注册页面，在其中输入手机号码、图形验证码、手机验证码等内容，再输入密码，然后单击 注册 按钮。注册成功后，可在Mugeda官网中登录注册的账号，登录成功后，便可进入工作台首页。

选择"H5（专业版编辑器）"选项后，将自动打开Mugeda的H5编辑器界面，并自动打开"新建"对话框，其中罗列了常用的H5页面尺寸，若需要重新自定义尺寸，可在"自定义"栏中输入W和H的数值，然后单击 创建 按钮，完成新建操作，如图2-3所示。

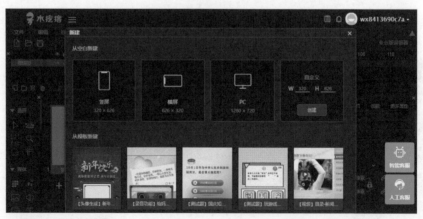

▲ 图2-3　新建H5页面

在Mugeda H5的编辑器界面中，选择【文件】/【新建】命令，也可打开"新建"对话框。在其中设置H5页面尺寸，确认无误后，单击 ▨▨ 按钮，也可完成H5页面的新建操作。

知识补充　　打开H5编辑器界面后，若之前的H5编辑操作没有保存，将不会自动打开"新建"对话框，此时会直接进入之前的编辑器界面。

2.2.2　管理H5作品

在工作台首页的左侧导航窗格中的"作品管理"栏中选择"我的作品"选项，进入"我的作品"页面，选择"H5作品"选项卡，进入"H5作品"页面，在其中可进行文件夹的新建、作品的移动、作品的重命名、作品的删除等操作。

1. 新建文件夹

在"H5作品"页面中单击 ▨ 新建文件夹 按钮，打开"新建文件夹"对话框。在该对话框的"文件夹名称"文本框中输入文件夹名称，单击 确定 按钮，如图2-4所示。然后，可发现在作品的左侧有一个新建的文件夹。

▲ 图2-4　新建文件夹

2. 移动H5作品

选择要移动的H5作品，此时可发现选择的H5作品的左上角的复选框呈选中状态，此时在页面右侧将出现 移动到 按钮，单击该按钮，打开"移动H5"对话框，在其中选择目标文件夹，单击 确定 按钮，如图2-5所示。此时将出现"提示"对话框，提示是否进行移动操作，单击 确定 按钮，可发现H5作品已经移动到选择的目标文件夹中。

▲ 图2-5　移动H5作品到目标文件夹

3. 重命名H5作品

为了便于识别H5作品，可对其进行重命名操作。选择要重命名的H5作品，单击右下角的按钮，此时可发现名称栏呈可编辑状态，在其中输入新的名称，如图2-6所示，然后单击其他空白区域，完成重命名操作。

▲ 图2-6　重命名H5作品

4. 删除H5作品

选择要删除的H5作品，单击作品上方的按钮，或直接单击页面右上角的按钮，会打开"删除项目"对话框，单击按钮，完成删除操作，如图2-7所示。

▲ 图2-7　删除H5作品

2.2.3 发布H5作品

完成H5页面设计后，可以发布H5作品，方便更多人查看。发布H5作品需要在编辑页面中单击 查看发布跳址 按钮，打开作品预览页面，页面中显示了要发布的H5作品效果。单击右上角的 发布H5作品 按钮，稍等片刻，当H5作品认证成功后，将自动进入发布页面，在发布页面中会显示作品是否发送成功，以及备注、发布地址、分享二维码、发布时间、文件大小等信息，单击 确认发布 按钮，完成发布操作，如图2-8所示。对于已经发布的作品，作品缩略图的右上角会标注"已发布"；对于进入过发布页面但未发布的H5作品，其缩略图的右上角会标注"待确认"，如图2-9所示。

▲ 图2-8 发布H5作品

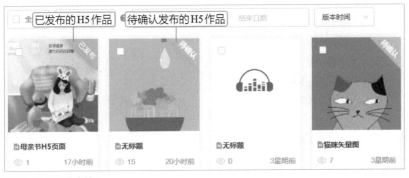

▲ 图2-9 查看发布结果

任何作品在第一次发布时都将显示发布进度，发布成功后显示"发布成功！"提示，并会在"发布地址"栏中显示作品的地址，单击地址后的 复制 按钮，将复制的地址粘贴到PC端浏览器地址栏中，按Enter键即可查看作品；单击 删除 按钮，发布地址将被删除；用手机扫描二维码，可在手机中查看作品。

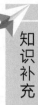

知识补充

　　需要注意的是，免费用户的作品发布次数为不超过5次，即使发布后删除作品，用掉的发布次数也不会恢复。

2.3 模板管理与素材管理

　　Mugeda为H5页面提供了不同样式的模板。设计师可选择合适的模板并使用替换和编辑素材、文案的方式进行H5页面设计，这样可使完成的H5页面效果更美观，还能节约设计师的设计时间。若没有合适的模板，设计师还可将已有的H5作品转换为模板，方便下次使用。

2.3.1　将H5作品转换为模板

　　将H5作品转换为模板可方便下次制作相同类型的H5页面时使用，以提高制作速度。在"我的作品"页面中选择要转换为模板的H5作品，单击 按钮，按钮下方会弹出下拉列表，选择"转为私有模板"选项，弹出模板转换成功提示对话框，单击 按钮，进入"我的模板"页面，查看新生成的模板，如图2-10所示。

▲ 图2-10　将H5作品转换为私有模板

2.3.2　模板管理

　　在工作台首页左侧导航窗格中的"作品管理"栏选择"我的模板"选项，将进入"我的模板"页面，其中罗列了设计师创建或使用过的模板，在其中可进行预览、编辑和共享等操作。

- 预览模板。选择需要预览的模板，单击 预览 按钮，可在打开的页面中预览模板效果。
- 编辑模板。选择需要编辑的模板，单击 使用 按钮，打开"选择编辑器"对话框，如图2-11所示。然后根据需要选择对应的编辑方式，即可进入编辑页面中编辑模板。

▲ 图2-11　编辑模板

- 共享模板。选择需要共享的模板，单击其下方的"共享"超链接，在打开的提示对话框中单击 确认 按钮，即可在团队与企业账号内部成员之间共享该模板。

知识补充

　　共享模板主要是针对团体间的分享，因此在共享模板前需要升级为团队或企业账号，才能进行共享操作。

2.3.3　素材管理

　　在工作台首页左侧导航窗格中的"素材管理"栏选择"素材库"选项，将进入"素材库"页面，在其中可编辑素材和文件夹。

- 编辑素材。选择需要编辑的素材，单击 按钮，打开"编辑图片文件"页面，在其中可对素材进行删除、打开、选择、裁剪、旋转、导出等操作，如图2-12所示。

知识补充

　　要在"编辑图片文件"页面中进行相关操作，需要先购买"图片编辑器、素材编辑器套餐"，若直接以体验版进行操作，将无法导入或保存素材。

▲ 图2-12 "编辑图片文件"页面

● 编辑文件夹。在"素材库"页面中，单击 新建文件夹 按钮，可新建一个文件夹。若要编辑文件夹，可单击选中的文件夹右侧的 ⋮ 按钮，利用弹出的下拉列表中的选项进行添加子文件夹、编辑文件夹名、删除文件夹等操作。

2.4 Mugeda中的H5编辑器界面

在Mugeda中新建H5页面后，将打开图2-13所示的H5编辑器界面，该界面主要由菜单栏、工具栏、"时间线"面板、工具箱、"页面编辑"面板、页面编辑区、"属性"面板等组成。

▲ 图2-13 Mugeda中的H5编辑器界面

2.4.1 菜单栏

菜单栏由"文件""编辑""视图""动画""拓展工具""帮助"6个菜单项组成，每个菜单项中包含多个命令。

1."文件"菜单项

"文件"菜单项中包括对H5页面进行管理和对文件资源进行基本处理的命令。选择"文件"菜单项将打开图2-14所示的下拉菜单，各菜单命令的介绍如下。

▲ 图2-14 "文件"菜单项

- 新建。主要用于新建H5页面。

- 打开。主要用于素材的添加，以及模板和作品的打开。

- 保存。主要用于保存H5页面。

- 另存为。当需要将H5页面另存为其他名称时，可使用"另存为"命令。

- 同步协同数据。主要用于通过网络或其他方式将多个设备或系统上的数据进行更新和统一。需要注意的是，只有团队账号或企业账号才能进行该操作。

- 作品版本。用于记录作品修改的情况，从作品版本中可以看到所有修改的版本。

- 文档信息。用于设置文档信息，包括转发标题、转发描述内容、标题预览图片、渲染模式、自适应旋转模式等，其内容与"属性"面板右下角的内容基本一致。

- 导入。主要用于将图片、视频、音频、脚本等素材从素材库中导入舞台，或从本地计算机中导入素材库。

- 导出。主要用于将完成的H5页面导出为指定格式的文件，这里可导出为HTML动画包、GIF动画（当前页）、视频-Beta版、PNG（当前帧）、苹果图书插件（iBooks Widget）等。

- 标记为考卷。主要用于将当前H5页面标记为考卷。

- 管理资源。主要用于查看当前正在编辑的H5页面的资源使用情况。

- 管理定制素材。主要用于对定制素材（通常指收费素材）进行管理。

- 退出。主要用于退出整个编辑器界面。

2."编辑"菜单项

"编辑"菜单项中包括H5页面基本编辑操作的相关命令，设计师可通过这些命令增强H5页面效果，从而创造出丰富多样的交互内容。选择"编辑"菜单项将打开图2-15所示的下拉菜单，部分菜单命令的介绍如下。

- 撤销、重做、剪切、复制、粘贴。撤销操作可以回退到之前的状态，恢复到上一步操作。重做即重新应用之前被撤销的操作。剪切、复制和粘贴主要用于移动和复制内容。

- 复制行为、粘贴行为（覆盖）、粘贴行为（插入）。主要针对行为进行复制与粘贴操作。

- 锁定物体、全部解锁。锁定物体主要用于锁定舞台物品，锁定后不能对其进行位置、大小等属性的调节。全部解锁可解锁舞台上所有被锁定的物体。

- 删除未支付字体、删除未支付音乐。主要用于删除对应的收费字体或收费音乐。

- 删除。用于删除所选的元素。

- 节点。用于对节点进行调整。

- 排列。用于排列舞台上各个物体所在图层的顺序。

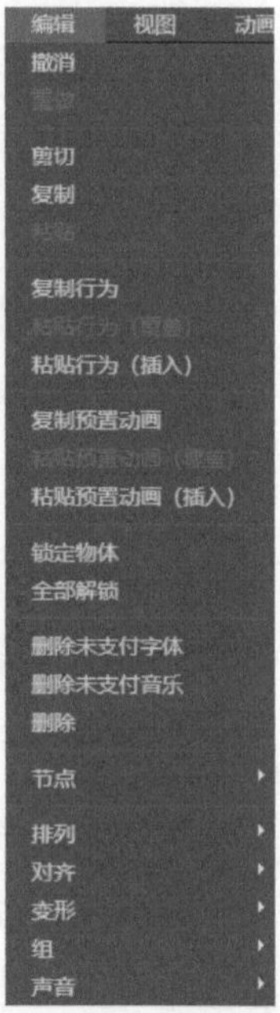

▲ 图2-15 "编辑"菜单项

- 对齐。用于调整舞台上各物体之间的对齐方式，包括左对齐、右对齐、上对齐、下对齐等。

- 变形。用于对物体进行翻转设置。

- 组。用于对多个物体进行组合设置，包括组合、取消组、重新组合。

- 声音。主要用于插入声音和删除声音。

3. "视图"菜单项

"视图"菜单项主要用于调整Mugeda各个窗口（面板）的显示与隐藏情况。选择"视图"菜单项将打开图2-16所示的下拉菜单，其中包括了多个命令，需要在H5编辑器界面中显示哪个窗口（面板）就勾选相应命令，未被勾选的命令相应窗口（面板）将被隐藏。

4. "动画"菜单项

"动画"菜单项主要用于对动画进行插入与编辑操作。选择"动画"菜单项将打开图2-17所示的下拉菜单。

▲ 图2-16 "视图"菜单项

5. "拓展工具"菜单项

"拓展工具"菜单项主要用于对第三方应用软件进行相关操作。选择"拓展工具"菜单项将打开图2-18所示的下拉菜单，其中的命令可实现语音合成和视频转换。

6.“帮助”菜单项

“帮助”菜单项主要用于为设计师提供有关 Mugeda 的帮助和支持。选择“帮助”菜单项将打开图2-19所示的下拉菜单。

▲ 图2-17 "动画"菜单项

▲ 图2-18 "拓展工具"菜单项

▲ 图2-19 "帮助"菜单项

2.4.2 工具栏

工具栏默认位于菜单栏的下方，主要展示了常用工具，如图2-20所示。

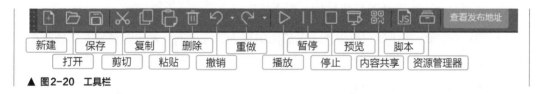

▲ 图2-20 工具栏

工具栏中新建、打开、保存、剪切、复制、粘贴、删除、撤销、重做等按钮的作用与菜单栏中相应命令的作用一致，其他按钮的介绍如下。

- 播放。主要用于播放设置的动画。
- 暂停。主要用于暂停播放的动画。
- 停止。主要用于结束正在播放的动画。
- 预览。主要用于预览设计后的H5页面效果。
- 内容共享。主要用于对保存的H5页面进行内容共享操作，单击该按钮将打开“内容共享"对话框，在其中可通过扫描二维码的方式分享内容。

- 脚本。主要用于代码的编辑。
- 资源管理器。与"文件"菜单项中"管理资源"命令的作用相同。

2.4.3 "时间线"面板

"时间线"面板是用来对画面进行精确控制的操作区，可通过把图层、图像、帧按时间进行组合和播放来形成动画。"时间线"面板可用于制作多种动画，如关键帧动画、进度动画、变形动画、遮罩动画等，是制作动画的关键，该面板如图2-21所示。

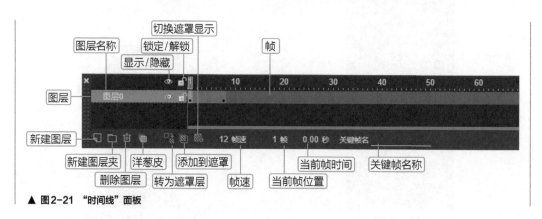

▲ 图2-21 "时间线"面板

- 图层。图层就像一张透明的纸，纸上载有文本、图片、表格等视觉元素，将多个图层按一定的顺序叠放在一起可以组成完整的画面，形成页面的最终效果。在图层中，上一层的视觉元素会遮住下一层的视觉元素，下一层的视觉元素可以通过上一层没有内容的区域显示出来。
- 图层名称。指当前图层的名称，双击该图层名称可重命名图层。
- 显示/隐藏。用于显示或隐藏选定的图层或图层夹里的元素（隐藏只在编辑状态下有效，预览或发布时无法隐藏）。
- 锁定/解锁。主要用于锁定或解锁选定的图层或图层夹里的元素。
- 帧。一帧就是一个静止的画面，动画或视频是由连续的帧组成的。对连续画面来说，单位时间内所含的帧数越多，播放时视频或动画画面就越流畅。
- 新建图层。用于在当前图层或图层夹的上方新建一个图层。
- 新建图层夹。用于在当前图层或图层夹的上方新建一个图层夹。新建图层夹后可将图层拖曳到该图层夹中，还可以单击图层夹最左边的 ➕ 图标展开图层夹，查看其中包含的图层。

- 删除图层。主要用于删除选中的图层或图层夹（如果图层夹里包含图层，删除该图层夹后其包含的图层会回到原来的位置，而不会一起被删除）。

- 洋葱皮。用于设置在编辑关键帧时依然显示前面关键帧的内容，方便逐帧对照。

- 转为遮罩层。用于将所选的图层转为遮罩层。

- 添加到遮罩。用于将遮罩层下方的多个图层添加到遮罩范围中。

- 切换遮罩显示。用于暂时隐藏遮罩效果，方便查看和编辑。

- 帧速。主要用于表示单位时间内播放的画面数量，其单位通常为"帧/秒"。

- 当前帧位置。主要用于表示当前所选帧的位置。

- 当前帧时间。主要用于显示当前所选帧的时间。

- 关键帧名称。主要用于显示设置的关键帧名称。

2.4.4 工具箱

工具箱集合了H5页面设计过程中频繁使用的工具，包含选择、媒体、绘制、预置考题、控件、表单、微信七大工具板块，如图2-22所示。

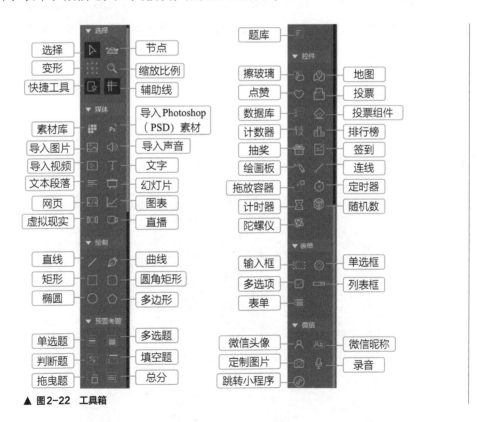

▲ 图2-22 工具箱

41

2.4.5 "页面编辑"面板

"页面编辑"面板主要用于展示H5作品各页面的缩略图，以及进行插入、删除、预览和复制等操作，如图2-23所示。

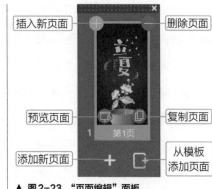

▲ 图2-23 "页面编辑"面板

- 插入新页面。单击页面缩略图左上角的■按钮，可插入新页面。

- 删除页面。单击页面缩略图右上角的■按钮，可删除页面。

- 预览页面。单击页面缩略图左下角的■按钮，可预览页面。

- 复制页面。单击页面缩略图右下角的■按钮，可复制页面。

- 添加新页面。单击页面缩略图下方的■按钮，可添加新页面。注意，插入新页面是在所选页面上方插入新页面，而添加新页面则是在所选页面下方添加新页面。

- 从模板添加页面。单击页面缩略图下方的■按钮，可从模板添加页面。

设计师在"页面编辑"面板中单击需要编辑的页面的缩略图，舞台上将展现该页面，方便设计师快速编辑。除此之外，在"页面编辑"面板中还能通过拖动缩略图来调整页面顺序。

2.4.6 页面编辑区

页面编辑区位于"页面编辑"面板和"属性"面板之间，页面编辑区主要由页面适配方式、手机型号、舞台缩放和舞台4个部分组成，如图2-24所示。

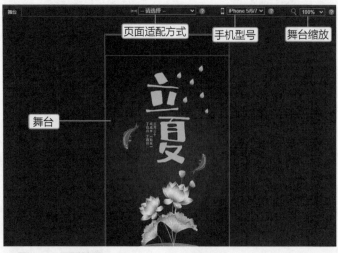

▲ 图2-24 页面编辑区

1. 页面适配方式

为了方便设计师更好地编辑内容，防止内容在设备上超出可见显示范围（安全框），Mugeda 提供了显示屏幕适配范围的辅助线。设计师只需单击页面适配方式右侧的下拉按钮，在打开的下拉列表中将显示各种适配方式，如图2-25所示，设计师可根据手机型号选择合适的适配方式。

▲ 图2-25 页面适配方式

选择好适配方式后，页面编辑区中会出现一个方框指示指定设备的安全框。如果舞台上添加的内容超出了指定设备的安全框，方框会显示为红色，以提示设计师需要调整元素位置；如果没有元素超出安全框，方框会显示为绿色。

2. 手机型号

不同款式的手机其屏幕比例往往不一样，这会使舞台中的内容有可能无法在手机屏幕中完整地显示。此时单击手机型号右侧的下拉按钮，将在下拉列表中显示各种常见品牌的手机型号，如图2-26所示。在其中选择合适的手机型号，舞台将会根据手机型号设置安全框，以确保舞台中的内容能够在手机屏幕上完整地显示。

▲ 图2-26 手机型号

图2-27所示为选择"无"选项后的效果（没有安全框）；图2-28所示为选择"华为Mate40"选项后的安全框效果；图2-29所示为选择"小米 2"选项后的安全框效果。

▲ 图2-27 "无"选项的效果

▲ 图2-28 "华为Mate40"选项的安全框效果

▲ 图2-29 "小米2"选项的安全框效果

知识补充

若Mugeda提供的手机型号无法满足需求，读者可单击手机型号右侧的下拉按钮，在打开的下拉列表中选择"编辑自定义设备"选项，打开"编辑定制设备"对话框，在其中可添加设备名称，设置宽度和高度等。

3. 舞台缩放

舞台缩放主要用于调整舞台的缩放比例，方便H5设计师在创作过程中观察作品局部的细节或查看H5作品的整体效果，如图2-30所示。

▲ 图2-30　舞台缩放

4. 舞台

舞台位于页面编辑区中间，是设计H5页面的核心区域，也是H5作品的显示窗口。发布H5作品后，用户只能浏览舞台中的内容，而舞台四周灰色区域中的内容将不会显示。

2.4.7　"属性"面板

"属性"面板用于设置和修改舞台的属性，以及在舞台上所选元素（如文字、图片、视频、动画等）的属性。通常，"属性"面板中包括"基础属性""高级属性""专有属性"栏，如图2-31所示。

* 基础属性。主要用于对基础属性，如作品尺寸、填充色、边框色、边框类型、透明度、透视度等进行设置。

* 高级属性。主要用于对预置动画、滤镜、动作等进行设置。

* 专有属性。主要用于设置在舞台上所选元素的特有属性，所选元素不同，其属性内容也存在区别。

▲ 图2-31　"属性"面板

🔑 综合训练

使用模板制作出游季H5页面

1. 实训背景

国庆假期是人们休闲度假、旅游出行的黄金假期之一。某知名旅游公司为了在国庆假期到来之前宣传公司的产品和服务，决定制作一个出游季H5页面，以吸引更多用户的关注和参与。要求使用Mugeda中自带的模板来完成，H5页面简洁、美观，参考效果如图2-32所示。

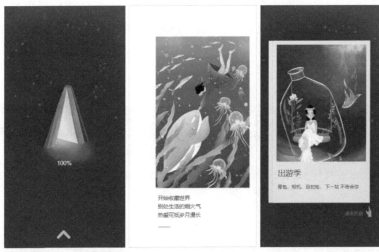

▲ 图2-32　出游季H5页面参考效果

2. 实训目标

（1）掌握新建和编辑H5页面的方法。

（2）掌握发布H5页面的方法。

模板是H5设计常用的方式之一。设计师在使用模板时应该具备一定的设计感知能力和审美能力，能够理解并应用模板中的布局、色彩搭配、字体选择等内容，这有助于设计师根据实际需求进行模板的编辑和定制，使其符合预期的视觉效果。

3. 任务实施

步骤提示如下。

（1）登录Mugeda后，在工作台首页的左侧导航窗格中，单击 ＋新建作品 按钮，在打开的下拉列表中选择"H5（专业版编辑器）"选项。

（2）打开"新建"对话框，在下方的"从模板新建"栏中选择"我的世界法制"模板，单击 使用 按钮。

（3）打开编辑器界面，在"页面编辑"面板中选择第2页，选择"文字"工具 T ，在舞台的"请输入文字"文本框上双击进入可编辑状态，在其中输入文字。

（4）依次选择二维码、其他未被输入的文本框，按【Delete】键删除。

（5）在"页面编辑"面板中选择第3页，选择"文字"工具 T ，在舞台的"请输入文字"文本框上双击进入可编辑状态，输入其他文字。

（6）选择【文件】/【保存】命令，打开"保存"对话框，在"文件名"文本框中输入"出游季H5页面"，单击 保存 按钮，保存文件，单击 前往发布页面 按钮。

（7）打开作品预览页面，右侧显示了要发布的H5作品效果，单击右上角的 发布作品 按钮，稍等片刻，当H5页面认证成功后，将自动进入发布页面，单击 确认发布 按钮，完成发布操作。

知识拓展

在使用Mugeda制作和发布H5页面的过程中，读者若遇到问题，可通过以下几个途径来解决。

1. 在线客服

Mugeda编辑器界面右侧有"智能客服""人工客服"浮动按钮。用户可以直接单击"人工客服"按钮，输入需要解决的问题进行询问，也可以单击"智能客服"按钮，输入问题的关键字进行查询。用户向"智能客服"提问时应该直接抛出问题，具体说明遇到的情况。

2. 技术论坛

如果在线客服无法解决问题，还可在Mugeda技术论坛中通过发帖或搜索关键字进行查询，找到解决问题的方法。只需单击页面上方的"论坛"超链接，将打开"论坛"页面，其中罗列了常见的问题，以及疑难解答。

3. 技术Q群

Mugeda首页的右下角有"技术Q群"悬浮菜单，将鼠标指针移动至菜单上即可看到官方QQ群号码，读者可以加入QQ群向群管理员反映问题。

本章小结

Mugeda是一个专业级H5交互动画制作云平台。通过本章的学习，我们了解了如何使用Mugeda平台新建、管理和发布H5作品，并掌握了编辑器界面中不同组件的功能和作用，对H5页面的制作方法和使用工具有了一定的了解，这些知识和技巧为我们在Mugeda平台上进行H5页面制作奠定了基础。

课后习题

1. 单项选择题

（1）为了便于识别作品可对作品进行的操作是（　　）。

　　A. 新建　　　　　B. 打开　　　　　C. 重命名　　　　　D. 删除

（2）下列选项中，可对定制素材进行管理的命令是（　　）。

　　A. 素材库　　　　B. 新建素材　　　C. 管理定制素材　　D. 保存素材

（3）下列选项中，主要用于结束正在播放的动画的命令是（　　）。

　　A. 播放　　　　　B. 暂停　　　　　C. 停止　　　　　　D. 预览

2. 多项选择题

（1）下列选项中，属于Mugeda基本功能的是（　　）。

　　A. 支持跨平台　　　　　　　　　B. 导出功能

　　C. 企业账号和团队管理功能　　　D. 数据分析服务

（2）Mugeda中H5的版本有（　　）。

　　A. 简约版　　　　B. 专业版　　　　C. 离线版　　　　　D. 混合版

（3）下列选项中，属于"文件"菜单项的命令是（　　）。

　　A. 新建　　　　　B. 打开　　　　　C. 保存　　　　　　D. 另存为

3. 简答题

（1）简述新建H5页面的方法。

（2）简述模板的使用方法。

（3）简述Mugeda的H5编辑器界面的组成部分。

4. 实操题

（1）在Mugeda中新建一个名为"新春贺喜"的H5页面，保存该页面，然后在Mugeda中新建一个名为"新年"的文件夹，将"新春贺喜"H5页面移动到"新年"文件夹中。

（2）应用Mugeda中自带的"测试题"模板，编辑模板中的文字，然后发布编辑后的模板。

第3章　绘制与调整图形

图形在H5页面中至关重要，不仅可以分割内容，让页面更有层次感，还可以让页面中的重点内容更突出，以提高辨识度。若要在页面中利用图形凸显内容，首先需要使用图形绘制工具绘制图形，完成绘制后还可调整图形，以增加图形的美观度和丰富性。

—— **知识目标**

1　能够绘制出常见的图形，如直线、矩形、椭圆、多边形、曲线等。

2　掌握调整图形的方法。

3　掌握图形排列与组合的方法。

—— **素养目标**

1　提高对图形设计的兴趣和审美意识。

2　通过绘制不同的图形锻炼想象力。

—— **学习导图**

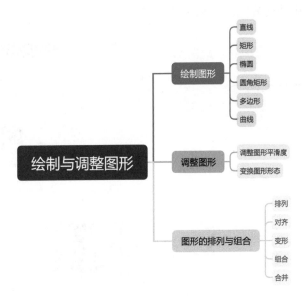

3.1 绘制图形

在Mugeda中可以使用形状工具绘制直线、矩形、椭圆、圆角矩形、多边形、曲线等常见图形。

3.1.1 直线

直线可将H5页面分割成不同的板块，增强页面的层次感，也可强调页面中的重要元素，如标题、按钮等，还可装饰和美化页面。

在工具箱中选择"直线"工具▨或按【N】键，在舞台上按住鼠标左键不放并向某个方向拖曳，可绘制出一条直线。如果拖曳的同时按住【Shift】键，即可按照某个固定角度进行绘制，形成斜线、竖线效果，如图3-1所示。图3-2所示为一家西餐厅的H5招聘页面，该页面使用竖线分割图片和文字，内容直观。

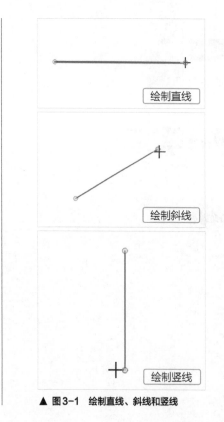

▲ 图3-1 绘制直线、斜线和竖线

▲ 图3-2 西餐厅H5招聘页面

绘制直线后，在右侧的"属性"面板中可设置直线的基本属性，包括长、宽、高，以及填充颜色、位置等。除此之外，在"端点"下拉列表中可设置端点样式，包括尖角、圆角、方角，如图3-3所示。

- 尖角。绘制一条直线时，端点将呈直角显示。当两条直线相交时，端点将形成一个尖角，如图3-4所示。

- 圆角。绘制一条直线时，端点将呈圆角显示。两条直线相交时，将通过增加一个半圆或弧形来平滑直线的端点，形成一个圆角，如图3-5所示。

▲ 图3-3 设置端点

- 方角。绘制一条直线时，端点将呈直角显示（注意：尖角的长度要短于方角）。两条直线相交时，端点将形成一个方角，如图3-6所示。

▲ 图3-4 尖角

▲ 图3-5 圆角

▲ 图3-6 方角

3.1.2 矩形

矩形可用作H5页面的背景装饰，增强页面的美感和层次感；也可用于绘制图表和展示进度条；还可用作图片或文字的容器，以方便在页面中凸显图片和文字。图3-7所示为网易云音乐H5页面，该页面将矩形作为图文内容的背景，以凸显重要内容。

在工具箱中选择"矩形"工具▢或按【R】键，在舞台上按住鼠标左键不放并向某个方向拖曳可绘制矩形，如图3-8所示。如果拖曳的同时按住【Shift】键，可绘制正方形，如图3-9所示。

▲ 图3-7 网易云音乐H5页面

▲ 图3-8 绘制矩形

▲ 图3-9 绘制正方形

3.1.3　椭圆

椭圆可以用来强调H5页面中的重点内容或元素，也可作为背景或是装饰元素以提升页面美观度。图3-10所示为"OPPO R9s拍照体验季"H5页面效果，该页面采用圆形作为基本框架，将主要内容放在圆形内使视觉效果更加集中。

在工具箱中选择"椭圆"工具■或按【E】键，在舞台上按住鼠标左键不放并拖曳至某个方向可绘制椭圆，如果拖曳的同时按住【Shift】键，可绘制圆形，如图3-11所示。

▲ 图3-10　"OPPO R9s拍照体验季"H5页面效果

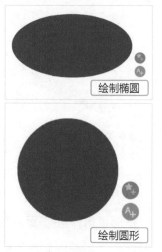

▲ 图3-11　绘制圆

3.1.4　圆角矩形

圆角矩形相较于传统的矩形，在视觉上更加柔和、友好。在H5页面中，圆角矩形常用于制作按钮、文本框、输入框等。图3-12所示为南京银行抽奖H5页面，该页面中的按钮和输入框都是圆角矩形，方便用户快速识别。

在工具箱中选择"圆角矩形"工具■或是按【O】键，在舞台上按住鼠标左键不放并拖曳至某个方向可绘制圆角矩形。绘制完成后，在右侧的"属性"面板中，除了可设置基本属性如长、宽、高、填充色、边框色、边框类型等外，还可在"专有属性"栏中设置圆角半径、背景图片、图片位置、图片尺寸、水平偏移、垂直偏移、端点、接合等，如图3-13所示。

▲ 图3-12　南京银行抽奖H5页面

▲ 图3-13　绘制圆角矩形并设置专有属性

- 圆角半径。用于设置圆角矩形的圆角半径大小。圆角半径越大，圆角弧度越大。
- 背景图片。用于设置圆角矩形的背景图片。该图片可以直接从"素材库"中选择。
- 图片位置。用于设置背景图片在圆角矩形中的位置，包括中心、左、左上角、右、右上角等。
- 图片尺寸。用于调整背景图片在圆角矩形内的尺寸适配方式，包括等比例覆盖、宽度适配、高度适配、填充原始尺寸、平铺圆角等。
- 水平偏移和垂直偏移。用于绘制圆角矩形时调整其在画布上的位置。
- 端点。用于选择和调整圆角矩形每个角的端点。Mugeda提供了尖角、圆角、方角3个选项。
- 接合。用于选择圆角矩形每个角的连接方式，包括圆角、尖角、斜角3种方式。

3.1.5　多边形

　　多边形可用来强调H5页面中的关键区域及高亮交互元素，常用于页面背景的制作。选择"多边形"工具或按【P】键，在舞台上按住鼠标左键不放并拖曳，可绘制多边形，如图3-14所示。绘制完成后，同样可以在右侧的"属性"面板中设置多边形的属性，其设置方法与其他图形类似，因此这里不做过多介绍。

▲ 图3-14　绘制多边形

3.1.6　曲线

　　在设计H5页面时，常会使用"曲线"工具来绘制各种带有弧度的图形，如弯曲的河流、月亮等图形；也可绘制图表，如折线图、曲线图、雷达图等，独特的曲线形状能起到提高辨识度和美观度的作用。

　　在工具箱中选择"曲线"工具 ✐ 或按【C】键，在舞台中单击确定起点，将鼠标指针移动到线段的终点位置，按住鼠标左键不放，进行拖动将出现控制柄，拖动控制柄可调整所绘线段的弧度，使其形成曲线效果，如图3-15所示。如果在绘制过程中直接单击，不拖动鼠标，就不会出现控制柄，此时两个锚点之间的线段将没有弧度。另外，当鼠标指针移动到起始位置后，可发现鼠标指针呈+形状，此时单击可绘制封闭的图形。

▲ 图3-15　绘制曲线

3.1.7　实战案例：制作旅行网图标

　　海浪旅行网需要制作图标，要求图标的大小为800像素×800像素，效果美观，契合网站主题。根据海浪旅行网的名字，可绘制轮船在大海上行驶的场景；配色可使用大海的颜色——蓝色作为主色，并添加绿色作为辅助色，图标整体清新、自然。具体操作步骤如下。

微课视频

制作旅行网图标

　　（1）启动并登录Mugeda，单击 ➕ 新建作品 按钮，在打开的下拉列表中选择"H5（专业版编辑器）"选项，如图3-16所示。

▲ 图3-16　选择"H5（专业版编辑器）"选项

　　（2）打开"新建"对话框，在"自定义"栏中设置"W"为"800"，"H"为"800"，单击 创建 按钮，如图3-17所示。

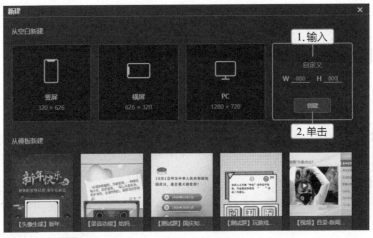

▲ 图3-17 新建文件

（3）在工具箱中选择"椭圆"工具◯，在舞台上单击确定一点，然后向右下方拖曳，绘制椭圆，如图3-18所示。

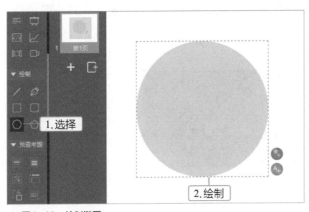

▲ 图3-18 绘制椭圆

（4）在"属性"面板中的"宽"选项右侧单击🔓按钮，解锁长宽比，然后设置"宽"为"300像素"，"高"为"300像素"，调整椭圆的大小，如图3-19所示。

（5）单击"属性"面板中"填充色"选项右侧的色块，打开颜色调整面板，在上方的数值框中输入"174""244""242""1"，修改圆形的颜色，如图3-20所示。

（6）在工具箱中选择"曲线"工具✐，在圆形的左侧单击确定一点，向右拖动并在目标位置处单击确定另一点，然后按住鼠标左键不放，向下拖动调整曲线弧度，如图3-21所示。

▲ 图3-19 设置宽和高

▲ 图3-20　调整颜色

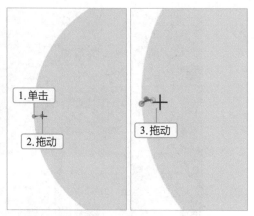

▲ 图3-21　绘制曲线

（7）使用相同的方法继续向右拖动，形成海浪效果，拖动过程中可不断调整曲线弧度直至完成海浪形状的绘制。然后单击"属性"面板中"填充色"选项右侧的色块，打开颜色调整面板，在上方的数值框中输入"0""118""131""1"，完成颜色的调整。单击"边框色"选项右侧的色块，设置"A"的值为"0"，取消边框效果，如图3-22所示。

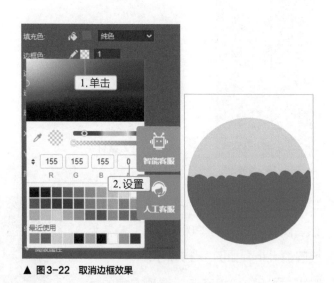

▲ 图3-22　取消边框效果

（8）在工具箱中选择"曲线"工具 ，绘制山脉形状，单击"属性"面板中"填充色"选项右侧的色块，打开颜色调整面板，在上方的数值框中输入"76""175""80""1"，完成颜色的调整，如图3-23所示。

（9）使用"曲线"工具 在山脉的下方绘制轮船形状，在"属性"面板中设置"填充色"为"214""67""96""1"，效果如图3-24所示。

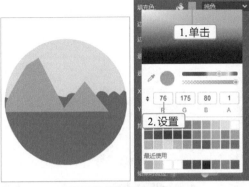

▲ 图3-23　绘制并调整山脉形状的颜色

知识补充

　　"填充色"的属性包括"纯色""线性""放射"3个选项，默认为"纯色"选项。如选择"线性"选项，可以通过调整图形上的滑动块来控制渐变的颜色范围和方向。若选择"放射"选项，可通过拖动调整点来调整放射的位置。

　　（10）使用"曲线"工具 在轮船形状的左上方绘制平行四边形，在"属性"面板中设置"填充色"为"89""44""212""1"，效果如图3-25所示。

　　（11）使用"曲线"工具 在平行四边形右侧绘制形状，在"属性"面板中设置"填充色"为"255""193""7""1"，效果如图3-26所示。

▲ 图3-24　绘制轮船形状

▲ 图3-25　绘制平行四边形

▲ 图3-26　绘制平行四边形右侧形状

　　（12）选择"矩形"工具 ，在轮船形状的上方单击并向右上方拖动绘制矩形，在"属性"面板中设置矩形的"宽"为"160像素"，"高"为"14像素"，然后设置"填充色"为"0""150""136""1"，效果如图3-27所示。

　　（13）选择"曲线"工具 ，在矩形上方绘制梯形，在"属性"面板中设置"填充色"为"255""255""255""1"，效果如图3-28所示。

　　（14）选择"直线"工具 ，在梯形的中间区域单击然后向上拖动，绘制一条竖线，在"属性"面板中设置"高"为"176像素"，"边框色"为"255""255""255""1"，

"边框大小"为"3"，效果如图3-29所示。

▲ 图3-27　绘制矩形

▲ 图3-28　绘制梯形

▲ 图3-29　绘制竖线

（15）选择"曲线"工具，在竖线的右侧绘制旗帜，在"属性"面板中设置"填充色"为"233""30""99""1"，效果如图3-30所示。

（16）使用"曲线"工具绘制船帆部分，调整船帆的颜色和位置，效果如图3-31所示。

（17）选择"圆角矩形"工具，在船帆右侧绘制圆角矩形，在"属性"面板中设置圆角矩形的"宽"为"20像素"，"高"为"5像素"，然后设置"填充色"为"255""255""255""1"，效果如图3-32所示。

▲ 图3-30　绘制旗帜

▲ 图3-31　绘制船帆

▲ 图3-32　绘制圆角矩形

（18）使用"圆角矩形"工具绘制其他圆角矩形，并调整圆角矩形的大小和位置，效果如图3-33所示。

（19）选择"矩形"工具，在白色船身部分绘制3个矩形，在"属性"面板中设置矩形的"宽"均为"12像素"，"高"均为"6像素"，然后设置"填充色"均为"76""76""76""1"，效果如图3-34所示。

（20）选择"曲线"工具，在轮船底部绘制波浪线条表示海浪，然后单击"填充色"选项右侧的色块，设置"A"的值为"0"，取消填充效果；再单击"边框色"选项右侧的色块，设置颜色值为"255""255""255""0.8"，然后设置"边框大小"为"3"，效果如图3-35所示。

▲ 图3-33 绘制其他圆角矩形

▲ 图3-34 绘制3个矩形

▲ 图3-35 绘制波浪线条

（21）选择【文件】/【保存】命令，打开"保存"对话框，设置"文件名"为"旅行网图标"，单击 保存 按钮，如图3-36所示。此时在"我的作品"栏中将显示保存的图标效果，如图3-37所示。

▲ 图3-36 保存图标

▲ 图3-37 查看图标效果

3.2 调整图形

在绘制H5图形的过程中，可能会出现图形不够平滑，或是形状不符合需求的情况，此时就需要调整图形。

3.2.1 调整图形平滑度

在Mugeda中调整图形平滑度时可先选择需要调整的图形，然后编辑图形的节点。使用"选择"工具 ▶ 在舞台中单击想要调整的图形即可选择该图形，然后选择"节点"工具 🖼，此时可发现选择的图形将显示所有的节点，如图3-38所示。

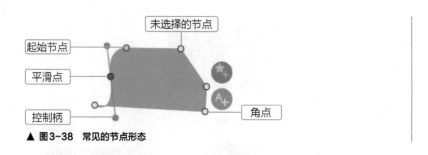

▲ 图3-38　常见的节点形态

* 节点。路径上连接线段的小圆形就是节点，节点显示为蓝色实心时，表示该节点为起始节点；节点显示为黄色实心时，表示该节点为未选择的节点；节点显示为红色实心时，表示该节点为已选择的节点。
* 平滑点。平滑点可以形成曲线，单击平滑点会出现控制柄。
* 角点。角点可以形成直线，但没有控制柄，因此不能直接形成曲线。
* 控制柄。控制柄也称为方向线，选择图形上的平滑点后，该平滑点上将显示控制柄，拖曳控制柄一端的小圆点，可修改平滑点所在曲线的形状和弧度，从而调整图形的平滑度。

调整图形平滑度还可通过重置、删除和添加节点来完成，选择要编辑的节点，单击鼠标右键，在弹出的快捷菜单中选择"节点"命令，在弹出的子菜单中罗列了"重置选中节点""删除选中节点""添加节点（细分）"3种命令，如图3-39所示。

▲ 图3-39　3种节点命令

* 重置选中节点。该命令主要针对角点。在Mugeda中角点不能直接形成曲线，需要先将其转换为平滑点。选择该命令将所选角点转换为平滑点后，可生成控制柄，拖动控制柄可调整图形的平滑度，如图3-40所示。
* 删除选中节点。在Mugeda中，若节点过多也会影响图形的展示效果，选择该命令可删除已选中的节点，如图3-41所示，删除后再调整其他节点，可增加图形的平滑度。
* 添加节点（细分）。该命令主要针对需要进行细节调整的部分。选择该命令后，将

在所选节点的上方添加新的节点，如图3-42所示，然后可通过调整新节点来调整细节部分，增加图形的平滑度。

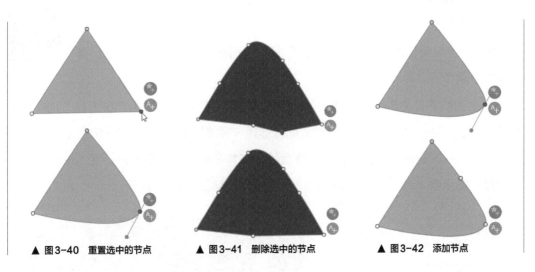

▲ 图3-40 重置选中的节点   ▲ 图3-41 删除选中的节点   ▲ 图3-42 添加节点

3.2.2 变换图形形态

若图形的大小、角度不符合设计需求，可先选择要变换的图形，然后选择"变形"工具██或按【Q】键，此时图形四周将出现调整点，拖动调整点可缩放图形，如图3-43所示；按住【Shift】键不放的同时拖动调整点，可等比例缩放图形，如图3-44所示；按住◉图标不放左右拖动，可旋转图形，如图3-45所示。

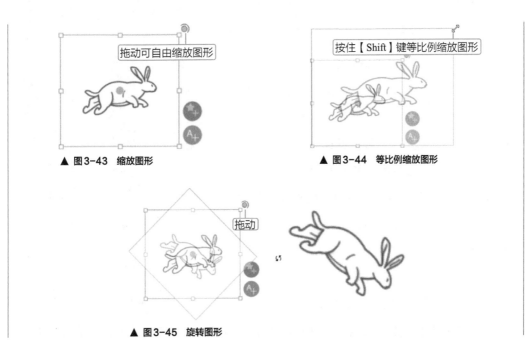

▲ 图3-43 缩放图形   ▲ 图3-44 等比例缩放图形

▲ 图3-45 旋转图形

3.2.3 实战案例：绘制小猫形状

微课视频

绘制小猫形状

某H5页面需要展示一个酷酷的小猫形象，要求形象有圆润的轮廓、酷酷的眼神，并通过小鱼挂饰和前腿动作进行细节刻画，使小猫形象更加生动。绘制过程中可先绘制轮廓，然后对轮廓进行调整，使整个小猫形象更加美观。具体操作步骤如下。

（1）启动并登录Mugeda，单击 新建作品 按钮，在打开的下拉列表中选择"H5（专业版编辑器）"选项，打开"新建"对话框，选择"竖屏"选项，如图3-46所示。

（2）选择"矩形"工具 ，沿着舞台绘制与舞台相同大小的矩形，在"属性"面板中设置"填充色"为"33""154""176""1"，效果如图3-47所示。

▲ 图3-46 登录并新建文档

▲ 图3-47 绘制矩形

（3）为了快速完成小猫轮廓的绘制，可先使用"曲线"工具 绘制小猫的大致轮廓。选择"曲线"工具 ，在舞台中单击确定起点，将鼠标指针移动到相应的位置，再次单击以确定终点，得到一条直线。继续以单击的方式绘制其余直线，得到小猫的大致轮廓，如图3-48所示。

（4）在"属性"面板中设置"填充色"为"248""182""43""1"（见图3-49），"边框色"为"25""25""25""1"，"边框大小"为"1"。

（5）直线构成的小猫轮廓比较尖锐、硬朗，为了得到圆润的小猫轮廓，需要将部分角点转换为平滑点。选择"节点"工具 ，选择蓝色的起始节点，单击鼠标右键，在弹出的快捷菜单中选择【节点】/【重

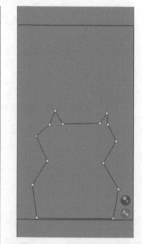

▲ 图3-48 绘制小猫的大致轮廓

置选中节点】命令，如图3-50所示。

▲ 图3-49 设置填充色与边框色

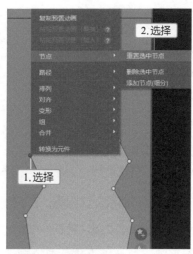

▲ 图3-50 重置选中节点

（6）单击起始节点，可发现该节点两边出现了绿色控制柄，拖动控制柄调整图形的平滑度，如图3-51所示。

（7）使用"节点"工具 ，选择左侧耳朵顶部的节点，向左拖动调整耳朵的形状，如图3-52所示。

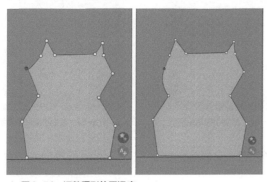

▲ 图3-51 调整图形的平滑度

▲ 图3-52 调整节点位置

（8）使用相同的方法重置其他节点，然后使用控制柄调整图形平滑度，使小猫轮廓变得更加圆润，如图3-53所示。

（9）选择左侧耳朵下的节点，单击鼠标右键，在弹出的快捷菜单中选择【节点】/【添加节点（细分）】命令，此时可发现所选节点右侧已经出现了新的节点，如图3-54所示。

（10）选择添加的节点并向上拖动，调整线条的弧度，使小猫头部变得更加圆润，如图3-55所示。

▲ 图3-53 调整其他节点

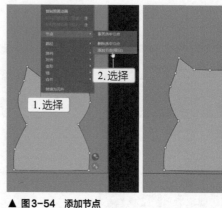

▲ 图3-54 添加节点

（11）选择"曲线"工具，在左侧耳朵处沿着耳朵的轮廓绘制耳朵形状，在"属性"面板中设置"填充色"为"156""89""57""1"，取消边框色，效果如图3-56所示。注意绘制时形状不要超过小猫外部轮廓线，这样绘制出的效果会更加立体。

（12）选择绘制的耳朵形状，按【Ctrl+C】组合键复制形状，然后按【Ctrl+V】组合键粘贴形状。选择粘贴后的形状，向右拖动到右侧耳朵处，效果如图3-57所示。

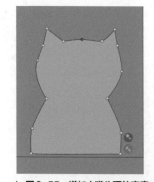

▲ 图3-55 增加小猫头顶的高度

▲ 图3-56 绘制小猫耳朵形状

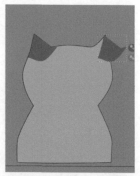

▲ 图3-57 复制小猫耳朵形状

（13）选择"变形"工具，选择复制后的耳朵形状，按住图标不放向左拖动旋转耳朵形状，效果如图3-58所示。

（14）选择右下角的调整点，向左拖动缩小耳朵形状，效果如图3-59所示。

（15）多次旋转和缩放耳朵形状，效果如图3-60所示。

（16）选择"节点"工具，选择右侧耳朵形状的节点，通过拖动、添加、重置节点等操作使耳朵形状与外轮廓贴合得更加紧密，效果如图3-61所示。

（17）选择调整后的耳朵形状，在"属性"面板中修改"填充色"为"25""25""25""1"，效果如图3-62所示。

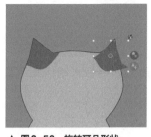

▲ 图3-58　旋转耳朵形状

▲ 图3-59　缩小耳朵形状

▲ 图3-60　多次旋转和缩放耳朵形状

（18）选择"曲线"工具，在耳朵下方绘制眼睛形状。在"属性"面板中设置"填充色"为"255""255""255""1"，"边框色"为"25""25""25""1"，"边框大小"为"1"。然后在眼睛形状中绘制眼球，并设置"填充色"为"25""25""25""1"，效果如图3-63所示。

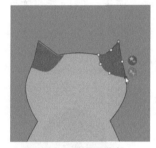

▲ 图3-61　调整耳朵节点

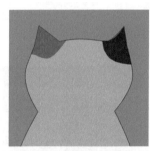

▲ 图3-62　调整耳朵颜色

▲ 图3-63　绘制眼睛

（19）复制眼睛，使用"变形"工具缩小复制的眼睛，然后旋转眼睛，使其倾斜，效果如图3-64所示。

（20）使用"曲线"工具依次绘制胡须、鼻子、嘴巴、小鱼挂饰、前腿动作等细节，设置填充与描边，相同的细节可通过复制来完成。在绘制胡须、嘴巴等开放路径时，按【Enter】键可结束绘制，最终效果如图3-65所示。

（21）选择【文件】/【保存】命令，打开"保存"对话框，设置"文件名"为"小猫形状"，单击 保存 按钮。

▲ 图3-64　复制眼睛

▲ 图3-65　绘制小猫的其他细节

3.3 图形的排列与组合

使用Mugeda处理多个不同的图形时，可通过对图形进行排列和组合来制作更丰富的图形效果。

3.3.1 排列

在Mugeda的同一个图层中绘制多个图形时，图形是按创建的顺序上下堆叠在一起的。上层图形中的内容会遮盖下层图形中的内容，此时可将上层图形移动到下层图形下方，使下层图形变得可见。使用Mugeda的排列功能可以调整图形的上下顺序。只需选择要排列的图形，单击鼠标右键，在弹出的快捷菜单中选择"排列"命令，在弹出的子菜单中罗列了"上移一层""下移一层""移至顶层""移至底层"命令，根据需要选择排列命令即可调整图形排列顺序，如图3-66所示。

▲ 图3-66　调整图形排列顺序

> 知识补充
>
> 　　选择要排列的图形，选择【编辑】/【排列】命令，在弹出的子菜单中罗列了"上移一层""下移一层""移至顶层""移至底层"命令，根据需要选择排列命令，也可排列图形。

3.3.2 对齐

在Mugeda中，常见的对齐方式有左对齐、右对齐、上对齐、下对齐、左右居中、上下居中、均分宽度、均分高度。只需选择需要对齐的图形（2个及以上），单击鼠标右键，在弹出的快捷菜单中选择"对齐"命令，在弹出的子菜单中选择相应的对齐命令即可进行对齐；或选择【编辑】/【对齐】命令，在弹出的子菜单中选择对齐命令，也可对齐图形。图3-67所示为以右侧粉红色图形为参考，其余图形右对齐的效果。

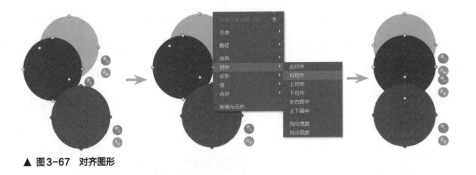

▲ 图3-67 对齐图形

- 左对齐。选中的图形将以最左侧的图形为参考，与其左边缘对齐。

- 右对齐。选中的图形将以最右侧的图形为参考，与其右边缘对齐。

- 上对齐。选中的图形将以最上方的图形为参考，与其顶部对齐。

- 下对齐。选中的图形将以最下方的图形为参考，与其底部对齐。

- 左右居中。选中的图形将以最左侧和最右侧的图形为参考，保持水平居中对齐。

- 上下居中。选中的图形将以最上方和最下方的图形为参考，保持垂直居中对齐。

- 均分宽度。选中的图形将以平均分配的方式或参考对象的宽度，使图形具有相同的宽度。

- 均分高度。选中的图形将以平均分配的方式或参考对象的高度，使图形具有相同的高度。

3.3.3 变形

变形通常指对图形进行形态上的改变，Mugeda中常见的变形方式有左右翻转、上下翻转两种。只需选择需要变形的图形，单击鼠标右键，在弹出的快捷菜单中选择"变形"命令；或选择【编辑】/【变形】命令，在弹出的子菜单中选择相应的变形命令即可进行变形操作，如图3-68所示。

▲ 图3-68 变形图形

3.3.4 组合

组合就是对多个图形元素（如形状、图形、文字等）进行重组，将其整合在一起。

选择同一个图层中需要组合的图形，选择【对象】/【组】/【组合】命令，或按【Ctrl+G】组合键，或单击鼠标右键后在弹出的快捷菜单中选择【组】/【组合】命令，即可组合所选对象，如图3-69所示。组合后单击该组中的任何一个对象，都将选择该组的所有对象。除此之外，若需要重新编辑组合中的图形，可选择【对象】/【组】/【取消组合】命令，取消图形组合。

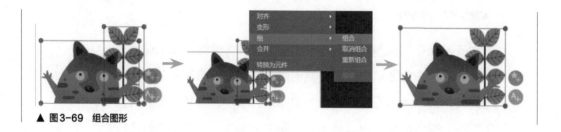

▲ 图3-69　组合图形

3.3.5　合并

合并就是对两个或两个以上的图形（注意该图形主要指在Mugeda中绘制的可编辑图形）进行合并、相交或裁剪处理，使其成为一个新的图形。选中两个或两个以上的图形，单击鼠标右键，在弹出的快捷菜单中选择"合并"命令，在弹出的子菜单中罗列了"合并""相交""用上层物体裁剪""用下层物体裁剪"4个命令，如图3-70所示。

▲ 图3-70　4个合并命令

- 合并。可将两个或两个以上的图形合并成一个整体，如图3-71所示。

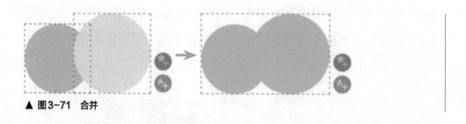

▲ 图3-71　合并

技术讲堂　　组合和合并并不相同，组合是将多个图形元素整合在一起，形成一个单独的组。通过组合，这些图形元素可以作为一个整体被移动、缩放、旋转等，组合类似于把多个物体放到一个容器中，方便整体操作。合并是将多个不同的图形进行融合，形成一个新的图形。合并通常用于将相邻或重叠的图形合并为一个单独的图形，以创建更复杂的图形。

- 相交。可保留两个或两个以上图形相交的部分，如图3-72所示。

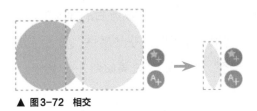

▲ 图3-72 相交

- 用上层物体裁剪。可用上层图形作为裁剪对象进行裁剪，同时下层图形将会失去与上层图形相交的部分，如图3-73所示。

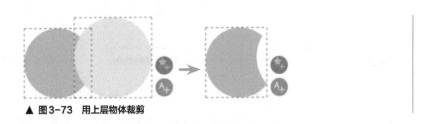

▲ 图3-73 用上层物体裁剪

- 用下层物体裁剪。可用下层图形作为裁剪对象进行裁剪，同时上层图形将会失去与下层图形相交的部分，如图3-74所示。

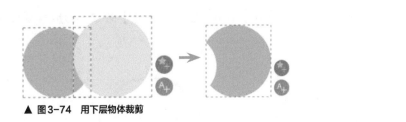

▲ 图3-74 用下层物体裁剪

3.3.6 实战案例：绘制音乐图标

某音乐推广H5页面需要制作音乐图标，要求图标能直观地体现音乐属性，制作时可使用对齐、变形、合并、组合等命令。具体操作步骤如下。

（1）启动并登录Mugeda，打开"新建"对话框，在"自定义"栏中设置"W"为"800"，"H"为"800"，单击 ▮创建▮ 按钮。

（2）选择"椭圆"工具◯，在"属性"面板中取消填充色，并设置"边框色"为"255""77""13""1"，"边框大小"为"10"，然后在舞台上方绘制"宽"为"270像素"，"高"为"270像素"的圆形，如图3-75所示。

（3）选择"矩形"工具▢，在圆形的下方绘制矩形，并设置矩形的"宽"为"370像素"，"高"为"210像素"，效果如图3-76所示。

（4）同时选择圆和矩形，单击鼠标右键，在弹出的快捷菜单中选择【合并】/【用上层物体裁剪】命令，可发现上层图形消失，下层图形被裁剪，效果如图3-77所示。

（5）选择"圆角矩形"工具▣，在被裁剪后的圆形的左下角绘制"宽"为"70像素"，"高"为"80像素"的圆角矩形，在"属性"面板中设置"填充色"为"255""77""13""1"，"圆角半径"为"30"，效果如图3-78所示。

▲ 图3-75　绘制圆形　　　　　▲ 图3-76　绘制矩形　　　　　▲ 图3-77　用上层物体裁剪

（6）再次选择"圆角矩形"工具▣，在圆角矩形的右侧绘制70像素×120像素的圆角矩形，为了便于区分这两个圆角矩形，可在"属性"面板中设置第二个圆角矩形的"填充色"为"156""39""176""1"，效果如图3-79所示。

（7）按住【Ctrl】键不放，依次选择绘制的圆角矩形，在其上单击鼠标右键，在弹出的快捷菜单中选择【合并】/【用上层物体裁剪】命令，形成耳罩形状，效果如图3-80所示。

▲ 图3-78　绘制圆角矩形　　　　▲ 图3-79　再次绘制圆角矩形　　　　▲ 图3-80　用上层物体裁剪

（8）选择裁剪后的形状，按【Ctrl+C】组合键复制形状，然后按【Ctrl+V】组合键粘贴形状。选择粘贴后的形状，在其上单击鼠标右键，在弹出的快捷菜单中选择【变形】/【左右翻转】命令，然后将翻转后的形状移动到半圆的右侧，效果如图3-81所示。

（9）选择"矩形"工具▣，在半圆的下方沿着耳罩绘制矩形，使其覆盖半圆下的直线，然后设置"填充色"为"255""255""255""1"，效果如图3-82所示。

▲ 图3-81　左右翻转图形　　　　　　　　　　　　▲ 图3-82　绘制矩形

（10）选择整个形状，单击鼠标右键，在弹出的快捷菜单中选择【组】/【组合】命令，组合整个形状，如图3-83所示。

（11）选择"矩形"工具 ▣，绘制不同大小的矩形，并设置"填充色"为"255""77""13""1"，效果如图3-84所示。

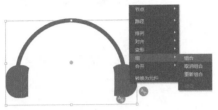

▲ 图3-83　组合图形

▲ 图3-84　绘制不同大小的矩形

（12）按住【Ctrl】键不放，依次选择下方的矩形，单击鼠标右键，在弹出的快捷菜单中选择【对齐】/【下对齐】命令，此时可发现矩形沿着最右侧矩形的底边对齐，效果如图3-85所示。

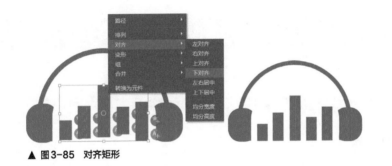

▲ 图3-85　对齐矩形

（13）选择"矩形"工具 ▣，在左侧第1个小矩形中绘制26像素×10像素的矩形，并设置"填充色"为"255""255""255""1"，效果如图3-86所示。

（14）复制多个绘制的白色矩形，将其移动到橙色矩形中的不同位置，使其形成声音抖动的效果，效果如图3-87所示。

▲ 图3-86　绘制矩形

▲ 图3-87　复制并移动矩形

（15）选择整个形状，单击鼠标右键，在弹出的快捷菜单中选择【组】/【组合】命令，完成音乐图标的绘制，如图3-88所示。

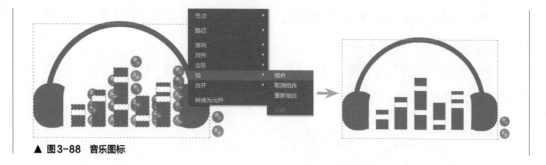

▲ 图3-88 音乐图标

（16）选择【文件】/【保存】命令，打开"保存"对话框，设置"文件名"为"音乐图标"，单击 保存 按钮。

人才素养

在设计图标时，设计师需要具备创新思维，创新思维是指能够从新的角度看待问题、寻找新的解决方案和创造新的价值的能力。在图标设计过程中，设计师可通过多观察优秀作品、持续反思和改进作品等方法来锻炼创新思维。

综合训练

绘制"节约用水"H5公益广告图形

1. 实训背景

某物业公司为了促进精神文明建设，培养更多人节约用水的意识，缔造和谐、文明的社区，计划制作"节约用水"H5公益广告。在制作前需要绘制与主题相关的图形，如水滴、水龙头等，希望通过图形引导人们树立健康节约的生活理念，从而提升社区的整体文明水平。参考效果如图3-89所示。

2. 实训目标

（1）能够熟练绘制图形。

（2）能够熟练调整图形。

▲ 图3-89 "节约用水"H5公益广告图形

人才素养

节约用水广告是一种公益广告，其目的是号召人们节约用水，引导人们树立珍惜资源的意识，具有教育性、警示性、宣传性、社会性和公益性等特征。在日常生活中，人们应具备环境保护意识，了解资源浪费和环境破坏对人类生存的影响，在实际工作和生活中积极采取措施，保护和改善环境。

3. 任务实施

步骤提示如下。

（1）启动并登录Mugeda，新建"竖屏"文档，选择"矩形"工具▣，沿着舞台绘制与舞台相同大小的矩形，在"属性"面板中设置"填充色"为"141""203""216""1"。

（2）选择"椭圆"工具◎，在矩形底部绘制210像素×210像素的圆形，并设置"填充色"为"178""110""62""1"。然后使用"矩形"工具▣沿着圆形的上半部分绘制矩形，注意该矩形需要能完全覆盖圆形的上半部分，选择【合并】/【用上层图形裁剪】命令，裁剪掉圆形的上半部分，得到的半圆效果如图3-90所示。

（3）选择"矩形"工具▣，在半圆上方绘制不同大小的矩形作为树干，并设置"填充色"为"239""220""184""1"，然后设置矩形的不透明度，越远的树干越透明，效果如图3-91所示。

（4）选择"曲线"工具✐，在树干上方绘制不同大小的树冠形状，并填充深浅不一的绿色。为了让整片树群具有紧凑感，可为树冠设置不同的不透明度，效果如图3-92所示。

▲ 图3-90 半圆效果

▲ 图3-91 绘制树干

▲ 图3-92 绘制树冠

（5）选择"曲线"工具✐，在半圆中绘制不同大小的石头形状，并设置"填充色"为"203""138""95""1"，效果如图3-93所示。

（6）选择"矩形"工具▣，在舞台的右上角绘制50像素×80像素的矩形，并设置"填充色"为"4""148""96""1"。使用"椭圆"工具◎在矩形的左右两侧绘制15像素×15像素的圆形，然后使用"矩形"工具▣在横线中间绘制10像素×30像素的矩形，完成水龙头顶部的制作。选择整个形状，单击鼠标右键，在弹出的快捷菜单中选择【合并】/【合并】命令，合并图形，效果如图3-94所示。

（7）选择"曲线"工具✐，绘制水龙头的下半部分，注意在绘制带弧度的形状时，可使用"节点"工具▨调整节点。绘制完水龙头的下半部分后，选择整个形状并单击鼠标右键，在弹出的快捷菜单中选择【组】/【组合】命令，效果如图3-95所示。

▲ 图3-93　绘制石头

▲ 图3-94　合并图形

▲ 图3-95　水龙头

（8）选择"曲线"工具，在水龙头下方绘制水滴形状，并设置"填充色"为"200""236""247""1"。然后使用"曲线"工具在水滴形状的内侧绘制亮部，并设置"填充色"为"255""255""255""1"。

（9）按【Ctrl+S】组合键保存文件，完成图形的绘制。

知识拓展

　　辅助线是一种用于辅助设计和编辑的工具，在图像编辑的过程中起参考和定位作用。要想在Mugeda中使用辅助线，首先需要选择【视图】/【标尺】命令，如图3-96所示，在舞台上方和左侧将标尺显示出来。然后在按住【Alt】键的同时，在舞台上按住鼠标左键向某个方向拖曳，即可添加一条辅助线。将鼠标指针移动到辅助线附近，当发现鼠标指针变为 ⊕ 形状时，按住鼠标左键即可拖动辅助线，如图3-97所示。

　　将鼠标指针移至辅助线上时，可发现辅助线底端会出现一个红色的 ⊠ 图标，单击该图标即可删除辅助线，如图3-98所示。除此之外，选择【视图】/【删除所有辅助线】命令还可删除所有辅助线。

▲ 图3-96　显示标尺

▲ 图3-97　添加并拖动辅助线

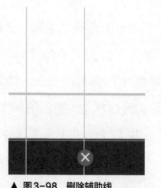

▲ 图3-98　删除辅助线

单击工具箱中的"辅助线"工具▦，即可快速显示或隐藏所有的辅助线，也可通过选择或取消选择【视图】/【辅助线】命令来显示或隐藏辅助线。

本章小结

绘制与调整图形是H5页面设计的基础，通过绘制直线、矩形、椭圆、圆角矩形、多边形和曲线等图形，可以丰富H5页面的视觉效果。为了使绘制的图形符合设计需求，还可以调整图形平滑度和形态，以改善图形边缘和显示效果。通过调整图形的排列顺序、对齐、组合、合并、相交和裁剪，灵活地布局和组织图形元素，可以制作出更加复杂的设计效果。

总之，在Mugeda中，熟练掌握绘制基本图形、调整图形以及图形的排列与组合技巧，能够帮助设计师创建丰富多样的图形元素，并提升H5页面设计的视觉效果和创意性。

课后习题

1. 单项选择题

（1）主要用于绘制直线的工具是（　　）。

A."直线"工具　　　　　　　　　B."矩形"工具

C."椭圆"工具　　　　　　　　　D."圆角矩形"工具

（2）调整图形平滑度的常用工具是（　　）。

A."直线"工具　　　　　　　　　B."矩形"工具

C."节点"工具　　　　　　　　　D."变形"工具

（3）绘制复杂图形的常用工具是（　　）。

A."直线"工具　　　　　　　　　B."曲线"工具

C."椭圆"工具　　　　　　　　　D."节点"工具

2. 多项选择题

（1）"填充色"的属性选项包括（　　）。

A. 纯色　　　　B. 线性　　　　C. 放射　　　　D. 渐变

（2）在Mugeda中，常见的对齐方式有（　　）。

A. 左对齐　　　　B. 右对齐　　　　C. 上对齐　　　　D. 下对齐

（3）下列选项中属于"合并"命令的子命令的有（　　）。

A. 合并 B. 相交

C. 用上层物体裁剪 D. 用下层物体裁剪

3. 简答题

（1）简述绘制带尖角的直线的方法。

（2）简要说明合并与组合的区别。

（3）简述如何在矩形中添加背景图片。

4. 实操题

（1）某科技公司准备设计一款具备设计感的H5页面，要求使用Mugeda的图形绘制工具绘制该H5页面的背景，并采用拼贴的方式展示，颜色要鲜亮、美观，背景参考效果如图3-99所示。

（2）某水果零售连锁店品牌准备制作品牌宣传H5页面，需要先设计一个用于页面装饰的水果图形，要求以橘子形象作为设计点，除了绘制出水果外观和切面图形，还要绘制水果表情，且要可爱、美观，参考效果如图3-100所示。

▲ 图3-99　背景参考效果

▲ 图3-100　水果图形参考效果

第4章　添加媒体文件与文字

在浏览优秀的H5页面时，可发现页面内容丰富多样，不但有图形，还有声音、视频、图表、文字等。可以用Mugeda添加这些内容，使制作的H5页面效果更加丰富、美观。

—— 知识目标

1　掌握添加媒体文件的方法。

2　掌握输入与编辑文字的方法。

—— 素养目标

1　提高自身审美，能够通过媒体文件来烘托页面主题、美化页面内容。

2　提高对媒体文件的运用能力，提升对H5页面的设计能力。

—— 学习导图

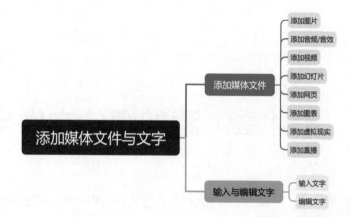

4.1 添加媒体文件

使用Mugeda制作H5页面时，为了顺利传达信息或让页面变得更加美观，经常会添加一些媒体文件，如图片、音频/音效、视频、幻灯片、网页、图表、直播等。为了让页面更具创意，还可以添加虚拟现实效果让用户产生置身其中的感觉，提升页面的趣味性。

4.1.1 添加图片

在Mugeda中添加图片首先需要打开"素材库"对话框，方法有很多，既可以选择【文件】/【导入】/【图片（PNG/JPG/GIF/SVG）】命令，还可以选择"导入图片"工具🖼。如果所需图片没有在素材库中，则需要上传图片，可在"素材库"对话框中单击➕按钮，打开"上传文件"对话框，有批量上传、输入网址、扫码上传3种方式。上传完成后，选择需要添加的图片，单击 添加 按钮，便可完成图片的添加。

● 批量上传。单击"批量上传"选项卡，将要上传的多个图片拖曳到"批量上传"选项卡下的空白处，此时空白处将会出现绿色虚线框，释放鼠标即可添加图片，稍等片刻便可在空白处查看添加的图片。若要删除某张图片，可单击所要删除图片右侧的"删除"超链接，完成后单击 确定 按钮，完成批量上传，如图4-1所示。

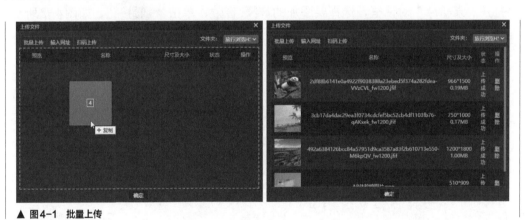

▲ 图4-1 批量上传

● 输入网址。单击"输入网址"选项卡，在地址栏中输入要上传的图片文件链接，单击 抓取 按钮，弹出提示对话框，单击 确定 按钮。

● 扫码上传。单击"扫码上传"选项卡，使用手机或者其他移动终端扫描出现的二维码，然后在移动终端中选择需要上传的图片，单击 确定 按钮，即可将移动终端中的图片上传到素材库中。

知识补充

在上传图片时需要注意，免费用户可上传的图片大小不能超过10MB。若需要上传较大的图片，需要先开通会员。

在"素材库"对话框中除了添加上传的图片外，还可直接添加"共享"和"共有"栏中的图片素材，操作更加方便、快捷。

知识补充

为了区分图片，还可在"素材库"对话框的左上角单击"新建文件夹"按钮，打开"添加文件夹"对话框，在其中输入文件夹名称，单击 确定 按钮，新建文件夹。若需要创建该文件夹的子文件夹，可勾选该对话框中的"创建子文件夹"复选框。

4.1.2　添加音频/音效

音频/音效也是H5页面设计中的重要部分，可提升用户的代入感，从而提高页面点击率。在Mugeda中添加音频/音效主要使用"导入声音"工具，选择该工具后，将自动打开"素材库"对话框，选择要添加的音频/音效，单击 添加 按钮，如图4-2所示。注意Mugeda自带的音频/音效不能直接使用，需要先购买，若其中没有需要的音频/音效，可按照类似添加图片的方法先上传音频/音效。

▲ 图4-2　添加音频/音效

4.1.3　添加视频

在制作企业宣传或是产品介绍H5页面时，常常使用视频来展示企业或产品形象。在Mugeda中添加视频可选择"导入视频"工具 🎬，将打开"素材库"对话框，选择要添加的视频，然后单击 **添加** 按钮，完成视频的添加，如图4-3所示。若视频未上传，则需先上传，然后再选择视频进行添加，其上传方法与上传图片的方法类似。

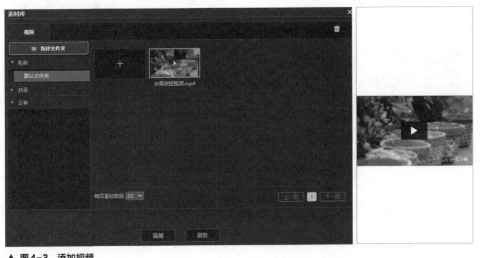

▲ 图4-3　添加视频

知识补充

注意：Mugeda平台对上传的单个视频文件的大小有限制，免费用户为20MB以内，收费用户为40MB以内。H5页面视频播放只支持视频编码为H.264、音频编码为AAC的MP4视频文件。

4.1.4　添加幻灯片

在制作具有轮播效果、焦点展示、动态标识和开机画面屏保之类的H5页面时，常常使用添加幻灯片的方式。先选择"幻灯片"工具 🎬，然后在舞台上拖曳鼠标，绘制出一个幻灯片图形，如图4-4所示，该图形的大小即幻灯片的展示大小。

选择该图形，在"属性"面板中可设置幻灯片的宽度、高度、透明度等，在"专有属性"栏中可设置幻灯片的展示方向、显示方式、自动播放等，如图4-5所示。

在"专有属性"栏中单击"图片列表"选项中的 ➕ 按钮，打开"素材库"对话框，

▲ 图4-4　绘制出一个幻灯片图形

选择要添加的幻灯片图形，单击 添加 按钮，返回舞台，单击"预览"按钮，即可看到图片自动播放的幻灯片效果，如图4-6所示。

▲ 图4-5 设置幻灯片属性

▲ 图4-6 查看自动播放效果

4.1.5 添加网页

在制作H5页面时，若需要引用外部网页的内容，可直接添加该网页，在添加时可先选择"网页"工具，然后在舞台上拖曳鼠标，绘制出一个网页图形，如图4-7所示。

选择绘制的网页图形，在"属性"面板中可设置网页的宽度、高度、透明度等，在"专有属性"栏的"网页地址"输入框内输入网址可添加网页，如图4-8所示。添加网

▲ 图4-7 绘制出一个网页图形

页后，单击工具栏的"内容共享"按钮，用手机扫描出现的二维码，即可查看网页效果，如图4-9所示。

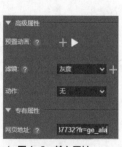

▲ 图4-8 输入网址

▲ 图4-9 扫描二维码

注意在填写网址时，一定要填写完整的网址，如果网址不加https://，将会显示出错。

4.1.6 实战案例：制作旅行宣传H5页面

某旅行公司准备制作旅行宣传H5页面，要求整个H5页面分为4页，第1页主要起导航作用，需要添加背景图片和音乐；第2页和第3页为内容展示页，需要通过幻灯片的方式展示多张景点图片，提升景点的吸引力；第4页为尾页，需要添加旅行公司的网址，方便其进行宣传。制作旅行宣传H5页面的具体操作步骤如下。

（1）启动并登录Mugeda，打开"新建"对话框，在"自定义"栏中设置"W"为"640"，"H"为"1136"，单击 按钮。

（2）选择"导入图片"工具 ，打开"素材库"对话框，单击"新建文件夹"按钮 ，打开"添加文件夹"对话框，在"文件夹名称"文本框中输入"旅行宣传H5页面"，单击 按钮，如图4-10所示。

微课视频

制作旅行宣传H5
页面

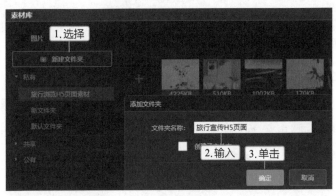

▲ 图4-10　添加文件夹

（3）在"素材库"对话框中，单击 按钮，打开"上传文件"对话框，将"旅行宣传H5页面"文件夹中的所有图片（配套资源：素材文件\第4章\旅行宣传H5页面\）拖曳到"批量上传"选项卡下的空白处，单击 按钮。返回"素材库"对话框，可查看上传效果，如图4-11所示。

（4）在"属性"面板的"背景图片"选项中单击 按钮，打开"素材库"对话框，选择"1.png"图片，单击 按钮，完成背景图片的添加，如图4-12所示。

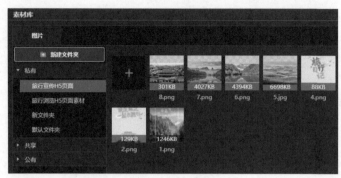

▲ 图4-11　上传图片

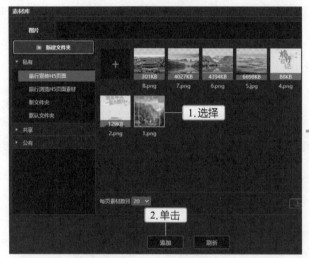

▲ 图4-12　添加背景图片

（5）在"属性"面板的"背景音乐"选项中单击 添加 按钮，打开"素材库"对话框。单击➕按钮，打开"上传文件"对话框，将要上传的音乐（配套资源：素材文件\第4章\旅行宣传H5页面\声音.mp3）拖入该对话框中，然后单击 确定 按钮，如图4-13所示。选择要上传的音乐，单击 添加 按钮，完成背景音乐的添加。

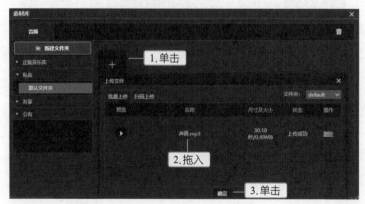

▲ 图4-13　上传音乐

（6）单击"页面编辑"面板中第1页下方的"添加新页面"按钮➕，新建第2个页面，如图4-14所示。

▲ 图4-14　添加新页面

（7）选择"导入图片"工具，在打开的"素材库"对话框中添加"2.png"图片素材，然后使用"变形"工具调整图片的大小，使其覆盖整个舞台，效果如图4-15所示。

（8）选择"幻灯片"工具，然后在舞台中间绘制幻灯片形状，效果如图4-16所示。

（9）在"属性"面板中设置"宽"为"500像素"，"高"为"340像素"，如图4-17所示。

▲ 图4-15　调整图片

▲ 图4-16　绘制幻灯片形状

▲ 图4-17　调整幻灯片大小

（10）在"专有属性"栏中单击"图片列表"选项中的➕按钮，如图4-18所示。

（11）打开"素材库"对话框添加"5.png"图片，单击"预览"按钮，预览幻灯片效果，如图4-19所示。

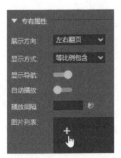

▲ 图4-18　添加幻灯片

▲ 图4-19　幻灯片效果

（12）使用相同的方法添加"6.png~8.png"图片，单击"自动播放"选项右侧的滑块，使其呈开启状态，然后设置"播放间隔"为"10秒"，如图4-20所示，并设置"旋转"为"10"，效果如图4-21所示。

▲ 图4-20　添加其他幻灯片

▲ 图4-21　旋转幻灯片

（13）新建页面，添加"3.png"图片，然后使用"变形"工具██调整图片的大小，使其覆盖整个舞台，效果如图4-22所示。

（14）选择"导入视频"工具██，打开"素材库"对话框，使用添加图片的方法添加视频，并调整视频的大小，效果如图4-23所示。

（15）选择添加的视频，打开"属性"面板，在"专有属性"栏中设置"隐藏播放按钮"为"是"，"视频播放时"为"暂停背景音乐"，如图4-24所示。

（16）新建页面，添加"4.png"图片，使用"变形"工具██调整图片的大小，使其覆盖整个舞台，效果如图4-25所示。

▲ 图4-22　添加和调整图片

▲ 图4-23　添加视频

▲ 图4-24　设置专有属性

▲ 图4-25　添加图片

（17）选择"网页"工具██，在舞台中间绘制网页形状，在"专有属性"栏的"网页地址"输入框内填写网址，完成网页的添加。保存H5页面，然后单击工具栏的"内容共享"按钮▣，用手机扫描出现的二维码，即可查看最终效果，如图4-26所示。

▲ 图4-26 查看最终效果

知识补充　　　网页控件过多会大大消耗浏览器性能，由于设备自身的限制，网页可能无法在部分设备上正常显示。因此，在使用网页控件时，需根据实际情况调整数量，建议数量小于100个。

4.1.7　添加图表

在制作H5页面时，若需要通过图表体现数据，可使用"图表"工具▟直接导入Excel数据或直接输入数据。除此之外，该工具还支持动画和交互展示，以及自定义图表样式。

在工具箱中选择"图表"工具▟，然后在舞台上拖曳鼠标，绘制出一个矩形框，用以确定图表大小和位置，如图4-27所示。释放鼠标后，其绘制区域将显示曲线图表，如图4-28所示。在"属性"面板的"专有属性"栏中单击"图表数据"选项右侧的 编辑 按钮，如图4-29所示。打开"图表编辑器"对话框，单击"图表类型"选项右侧的 ⇌ 变更 按钮，打开"图表类型"对话框，在其中可选择合适的图表类型，如饼状图、折线图、柱状图、散点图、雷达图、漏斗图、词云图、地图等，然后单击 确认 按钮，如图4-30所示。

返回"图表编辑器"对话框，在左侧各栏中可设置图表的高度、宽度、背景颜色、背景图片、主题颜色、标题、样式和图例等，在右侧的表格中可设置图表内容，如图4-31所示。若需要直接导入Excel文件，可单击表格上方的▣按钮，将弹出"打开"对话框，在其中选择要导入的文件，单击 打开(O) 按钮。

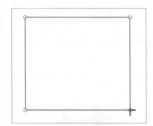

▲ 图4-27 绘制矩形框

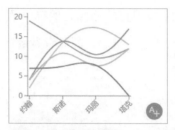

▲ 图4-28 显示曲线图表

▲ 图4-29 编辑图表数据

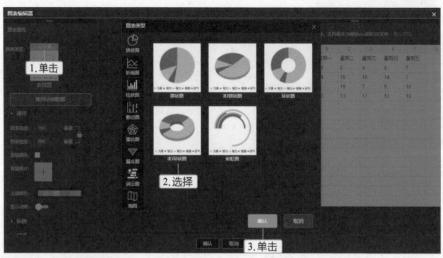

▲ 图4-30 选择图表类型

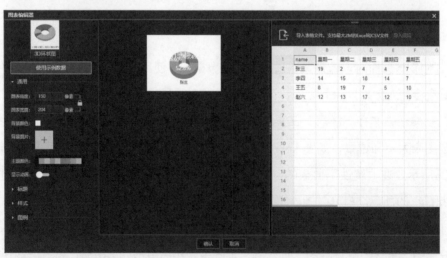

▲ 图4-31 设置图表内容

知识补充

　　在导入Excel文件时需要注意：①导入的文件大小不能超过2MB；②图表内容要按照系统样例形式整理和显示数据；③上传的数据要在Sheet1工作表中，否则无法正常显示；④上传的数据中不能有合并的单元格。

4.1.8 添加虚拟现实

相比视频、音频/音效、图片等媒体文件，虚拟现实最大的特点是可操作和可交互。在设计H5页面时，运用虚拟现实可将H5页面打造成三维立体空间，让用户产生置身其中的感觉。

在工具箱中选择"虚拟现实"工具，在舞台上拖动鼠标，绘制一个虚拟现实图形，如图4-32所示。然后会自动打开"导入全景虚拟场景"对话框，如图4-33所示，整个对话框分为场景预览区、场景列表区、场景和热点编辑区、场景全局配置区4个部分。

▲ 图4-32 虚拟现实图形

▲ 图4-33 "导入全景虚拟场景"对话框

1. 场景预览区

场景预览区主要是对添加的图片和视频进行预览的区域，在该区域中可以看到所载入图片和视频渲染的场景效果，拖动鼠标可以进行全景浏览。

2. 场景列表区

场景列表区可用于显示所有添加的场景，以及进行场景的添加、删除、编辑、排序等操作。单击其中的➕图标，打开"素材库"对话框，选择要添加的素材图片或视频后（注意：选择长宽比为2：1的等距图片或者6：1的三维图片或视频），单击 添加 按钮，完成图片或视频的添加。

3. 场景和热点编辑区

场景和热点编辑区包括"场景"和"热点"两个选项卡，可单击进行切换。

（1）"场景"选项卡

"场景"选项卡中包含以下几项内容。

• 标题。每一个场景的名称会显示在场景列表区中的图片或是视频的下方。

• 图片/视频。用于显示添加的图片/视频效果，支持等距图片和三维六面贴图两种格式。

• 预览图片。用于快速地显示场景内容。每一次更换场景图片后，预览图片会自动生成。

• 缩略图。用于显示场景预览区效果的小尺寸图片，通常具有较低的分辨率，且文件较小。

（2）"热点"选项卡

单击"热点"选项卡，在其中可以添加、删除、移动热点，并为热点指定图形、动画和行为。单击热点列表下的➕图标，可以进入热点添加模式，此后➕图标会变为橙色。在场景预览区中单击即可添加新的热点，单击热点列表中的任一热点，可以在场景预览区中定位该热点，便于识别，如图4-34所示。

▲ 图4-34　在场景预览区中定位热点

4. 场景全局配置区

场景全局配置区用于设置场景，主要包含以下几个选项。

- 显示导航。开启该选项后，可在手机屏幕下方显示包含场景切换等操作的导航条。

- 开启陀螺仪控制。开启该选项后，可通过陀螺仪的旋转方向控制视角。

- 禁用手指缩放。如果不开启该选项（默认设置），可以通过两个手指在手机屏幕上滑动缩放场景。如果开启，则锁定当前选中的缩放比例，不可以再用手指进行缩放。

- 小行星视图进入。小行星视图是一种类似超广角特效的视图。开启该选项后，可从超广角视图进入场景并导航到目标位置。

4.1.9 添加直播

在日常生活中，直播已经成为购买商品、介绍产品等的常用手段，在H5页面设计中，也常使用添加直播的方式展示页面内容。在工具箱中选择"直播"工具，在舞台上拖曳鼠标，绘制一个直播图形，如图4-35所示。

选中直播图形，在"属性"面板"专有属性"栏的"直播地址"输入框中输入直播地址（仅支持手机播放直播流内容，PC端无法直接预览），如图4-36所示。

▲ 图4-35 绘制一个直播图形

▲ 图4-36 输入直播地址

4.1.10 实战案例：制作年中总结H5页面

某公司为了让员工详细地了解公司的图书售出情况，准备制作年中总结H5页面，要求整个H5页面分为4页，第1页主要起导航的作用；第2页为图书场景展示页，可通过"虚拟现实"工具来完成；第3页为图表展示页，用于展示业绩详细数据；第4页为尾页，需要添加企业直播视频用于宣传企业。制作年中总结H5页面的具体操作步骤如下。

微课视频

制作年中总结H5页面

（1）启动并登录Mugeda，打开"新建"对话框，在"自定义"栏中设置"W"为"640"，"H"为"1136"，单击 创建 按钮。

（2）选择"导入图片"工具，打开"素材库"对话框，新建名为"年中工作总结"的文件夹，然后上传所有图片素材（配套资源：素材文件\第4章\年中工作总结H5页面\）到该文件夹中，选择"年中工作总结1.png"图片素材，单击 添加 按钮，如图4-37所示。

（3）此时可发现添加的素材已经显示到舞台中，如图4-38所示。

（4）单击"页面编辑"面板中第1页下方的"添加新页面"按钮➕，新建第2个页面，如图4-39所示。

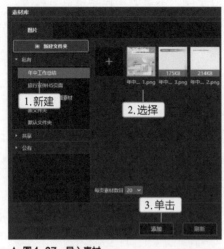

▲ 图4-37　导入素材

▲ 图4-38　添加素材

▲ 图4-39　新建页面

（5）选择"虚拟现实"工具▢▢，在舞台上绘制一个虚拟现实图形，打开"导入全景虚拟场景"对话框，单击对话框中的➕图标，如图4-40所示。

（6）打开"素材库"对话框，选择要添加的图片素材，这里选择"1.png"，单击 ■添加 按钮，完成场景1的添加。使用相同的方法添加其他场景，效果如图4-41所示。

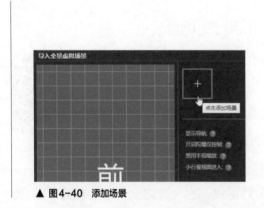

▲ 图4-40　添加场景

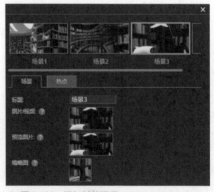

▲ 图4-41　添加其他场景

（7）选择"场景1"场景，单击"热点"选项卡，单击热点列表下的➕图标，进入热点添加模式。在左侧的场景预览区中的书架部分单击以确定热点位置，在右侧"图标"下拉列表中选择方向箭头，在"尺寸"下拉列表中选择"48"，单击"三维变换"选项下方的滑块，显示三维变换，如图4-42所示。

（8）选择"场景2"场景，单击"热点"选项卡，设置与"场景1"相同的参数，如图4-43所示，完成后单击 确认 按钮。

▲ 图4-42　设置场景1热点　　　　▲ 图4-43　设置场景2热点

（9）返回舞台，可发现添加的虚拟现实图片已经在舞台上显示，使用"变形"工具 田 调整图片的大小，使其覆盖整个舞台，效果如图4-44所示。

（10）新建第3个页面，选择"导入图片"工具 ，打开"素材库"对话框，选择"年中工作总结2.png"图片素材，单击 添加 按钮，效果如图4-45所示。

（11）在工具箱中选择"图表"工具 ，然后在舞台上绘制一个矩形框，以添加图表，效果如图4-46所示。

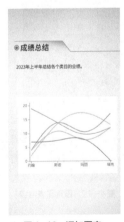

▲ 图4-44　调整图片大小　　　▲ 图4-45　添加图片　　　▲ 图4-46　添加图表

（12）在"属性"面板的"专有属性"栏中单击"图表数据"选项右侧的 编辑 按钮，如图4-47所示。

（13）打开"图表编辑器"对话框，单击"图表类型"选项右侧的 ⇄ 变更 按钮，打开"图表类型"对话框，选择"柱状图"选项卡中的"柱状图"选项，单击 确认 按钮，如图4-48所示。

▲ 图4-47 单击"编辑"按钮

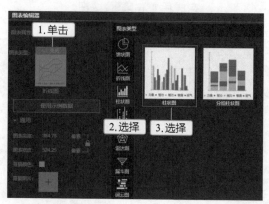

▲ 图4-48 选择图表类型

（14）返回"图表编辑器"对话框，设置"图表高度"为"450像素"，"图表宽度"为"530像素"，在"主题颜色"选项右侧的下拉列表中选择图4-49所示的主题颜色，并在右侧的表格中输入内容，完成后单击■■■按钮，返回舞台并查看图表效果，如图4-50所示。

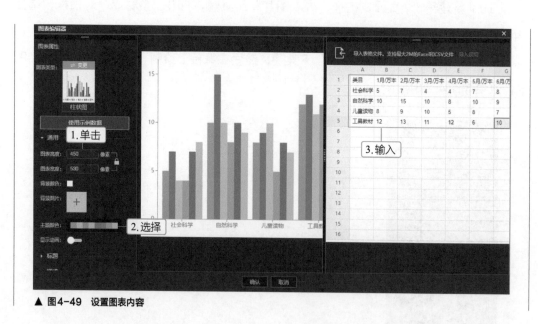

▲ 图4-49 设置图表内容

（15）新建第4个页面，选择"导入图片"工具🖾，在"素材库"对话框中添加"年中工作总结3.png"图片素材。选择"直播"工具🎥，在舞台上绘制一个直播图形，在"属性"面板"专有属性"栏的"直播地址"输入框中输入直播地址，如图4-51所示。保存H5页面，然后单击工具栏的"预览"按钮🖵预览H5页面的直播效果，如图4-52所示。

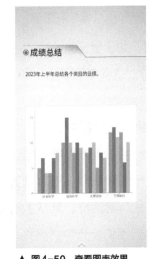

▲ 图4-50　查看图表效果

▲ 图4-51　输入直播地址

▲ 图4-52　预览直播效果

4.2　输入与编辑文字

文字是H5页面中不可缺少的重要元素，合理应用文字不仅可以使H5页面看起来更加丰富，更直观地展示页面内容，而且能更好地对H5页面进行说明。

4.2.1　输入文字

在Mugeda中输入文字可先选择"文字"工具■，在舞台中单击，将出现文本框，如图4-53所示。删除文本框中的默认内容"Text"，即可输入需要的文字内容，如输入"大会开始"文字，如图4-54所示。输入文字后，在文本框以外的舞台任意位置单击以结束编辑状态，文字将被完整地显示出来，如图4-55所示。

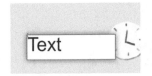

▲ 图4-53　出现文本框

▲ 图4-54　输入文字

▲ 图4-55　完成输入

技术讲堂

　　在舞台中单击生成的文本框的高度和宽度是系统默认的，当输入的文字较多时，前面输入的文字会被暂时隐藏，退出输入后，隐藏部分将完整地显示出来。

4.2.2　编辑文字

若需要提升文字的美观性，可对输入的文字进行简单编辑，如设置预置文本、文字样式、字体、大小、垂直对齐、文字超出时、行高、字间距等。这些都可通过"属性"面板中的"专有属性"栏进行操作，如图4-56所示。

● 预置文本。单击"预置文本"右侧的下拉按钮，在打开的下拉列表中罗列了"无""当前时间/日期""当前加载进度百分数""当前舞台/元件帧数"4个选项，默认为"无"。选择"当前时间/日期"选项时，舞台的文本框内会显示当前日期，而"预置文本"选项右侧会出现 格式 按钮，单击该按钮，将打开"日期格式"对话框。默认的日期为英文格式，可以在左边的下拉列表中选择"中文"选项，将日期切换为中文格式，如图4-57所示。选择"当前加载进度百分数"选项时，舞台的文本框内会显示100，在"大小"下面的文本框中的英文后面添加"%"符号，如图4-58所示，舞台的文本框中就会显示"100%"。选择"当前舞台/元件帧数"选项时，舞台的文本框内会显示当前帧，若拖动帧，文本框将随着帧发生变化，如图4-59所示。

▲ 图4-56　文字的"专有属性"栏

▲ 图4-57　切换为中文格式

▲ 图4-58　预设加载进度百分数

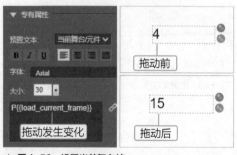

▲ 图4-59　设置当前舞台帧

● 文字样式。包括 B *I* U ▤ ▤ ▤ ▤ 共7按钮，分别代表仿粗体、仿斜体、下画线、左对齐、居中对齐、右对齐和两端对齐，单击对应的按钮即可应用样式。图4-60所示分别为应用仿粗体+下画线、居中对齐+下画线、两端对齐+仿斜体的文字样式效果。

▲ 图4-60　应用文字样式

● 字体。单击其右侧的下拉按钮▼，在打开的列表框中可选择所需字体。除此之外，向上拖动右侧的滑块，将出现"云字体"选项，单击"选择云字体"按钮，即可上传或选择使用云字体（仅支持TTF格式），如图4-61和图4-62所示。云字体的上传方法与其他素材的上传方法类似。

▲ 图4-61　单击"选择云字体"按钮

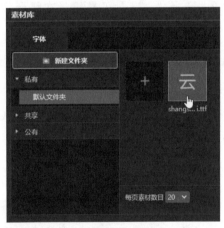

▲ 图4-62　添加云字体

● 大小。单击"大小"选项右侧的下拉按钮，在打开的下拉列表框中可选择所需的字体大小，也可直接输入字体大小的值，值越大，文字就越大。

● 垂直对齐。用于设置文字对齐方式，分别为顶对齐、垂直居中和底对齐。

● 文字超出时。用于设置文字过长时的显示方式。

● 行高。用于设置上一行文字与下一行文字之间的距离。

● 字间距。用于设置文字与文字之间的距离，设置该值后，文字本身不会被挤压或伸展，而是文字之间的距离被压缩或扩大。

知识补充

当需要快速输入和编辑大段文字时，可使用"文本段落"工具▤。"文本段落"工具▤就是简化版的图文编辑器。选择该工具后，可在舞台上拖曳鼠标，绘制一个文本段落编辑框，此时编辑框上方会出现一系列按钮 B I U S ⌀ 🖼 ▶ ☰ ☰ ☰ ☰，输入文字后可通过单击对应按钮来编辑文字。

4.2.3　实战案例：制作七夕节H5页面

某公司准备制作与七夕节相关的H5页面，要求在提供的七夕节H5页面背景素材中输入与七夕节相关的文字，以此体现节日主题。具体操作步骤如下。

微课视频

制作七夕节H5页面

（1）启动并登录Mugeda，新建"W"为"640"，"H"为"1136"的文档。选择"导入图片"工具🖼，打开"素材库"对话框，上传并添加"七夕节H5页面背景.jpg"素材（配套资源：素材文件\第4章\七夕节H5页面背景.jpg）。

（2）选择"文字"工具🅃，在舞台中单击，删除文本框中的"Text"文字，输入"七"文字，如图4-63所示。

（3）选择文字，在"属性"面板中设置"填充色"为"255""255""255""1"，在"专有属性"栏中单击🅱按钮，在"字体"下拉列表中选择"思源柔黑体-Regular"选项，在"大小"右侧的文本框中输入"180"，如图4-64所示。

（4）选择文字，选择"变形"工具▦，在舞台上拖动调整点，使文字能够完整显示，如图4-65所示。

▲ 图4-63　输入文字

▲ 图4-64　调整文字属性

▲ 图4-65　拖动文字调整点

（5）选择文字，按【Ctrl+C】组合键复制文字，按【Ctrl+V】组合键粘贴文字，然后调整文字的位置，双击复制的文字将文字内容修改为"夕"，如图4-66所示。

（6）选择"文字"工具🅃，在前面输入的文字的右侧单击并在文字编辑框中输入

"这个七夕拥抱爱情"文字，在"属性"面板中设置"填充色"为"76""76""76""1"，如图4-67所示。

（7）选择文字，选择"变形"工具，在舞台上拖动调整点，使文字直排显示，如图4-68所示，完成后保存文件。

▲ 图4-66 复制并修改文字　　　▲ 图4-67 输入并编辑文字　　　▲ 图4-68 直排显示文字

人才素养　　七夕节，又称七巧节、七姐节、女儿节、乞巧节、七娘会等，是我国民间的传统节日。七夕节源于民间传说"牛郎织女"，承载着深厚的传统文化内涵。在进行与七夕节相关的H5页面设计时，设计师需要了解和尊重这一传统节日，并在设计中展示对历史和文化的尊重，还可体现个人对传统价值观念的理解。

 综合训练

制作房地产宣传H5页面

1. 实训背景

某房地产公司准备制作房地产宣传H5页面，用于宣传新建的楼盘。要求整个H5页面分为3页，第1页主要起导航的作用，需要在其中添加背景图片和音乐；第2页为场景展示页，需要全方位地展示楼盘全景；第3页为内容展示页，需要通过幻灯片的方式展示多张楼盘场景图，还要输入文字以方便观者理解，参考效果如图4-69所示。

▲ 图4-69　房地产宣传H5页面

2. 实训目标

（1）能够掌握添加图片、音乐的方法。

（2）能够掌握添加虚拟现实场景和幻灯片的方法。

3. 任务实施

步骤提示如下。

（1）启动并登录Mugeda，新建文档。使用"导入图片"工具导入"房地产宣传H5页面"文件夹中的所有图片素材（配套资源：素材文件\第4章\房地产宣传H5页面\）。

（2）设置舞台的背景颜色为"29""22""64""1"，然后使用"导入图片"工具将"海景2.png"图片素材作为背景。

（3）在"属性"面板的"背景音乐"选项的右侧单击 添加 按钮，打开"素材库"对话框，上传并添加"声音.mp3"素材（配套资源：素材文件\第4章\房地产宣传H5页面\声音.mp3）。

（4）新建页面，使用"虚拟现实"工具 在舞台上绘制一个虚拟现实图形，打开"导入全景虚拟场景"对话框。单击该对话框中的 图标，打开"素材库"对话框，选择要添加的图片素材。这里选择"背景2.jpg"素材，单击 添加 按钮，完成场景1的添加，然后单击 确认 按钮。使用"变形"工具 调整图片的大小，使其覆盖整个舞台。

（5）选择"幻灯片"工具 ，在舞台中间绘制幻灯片图形，在"属性"面板中设置"宽"为"600像素"，"高"为"530像素"。在"属性"面板的"专有属性"栏中单击"图片列表"选项中的 按钮，打开"素材库"对话框，选择"楼房（1）.jpg"素材，单击 添加 按钮，使用相同的方法添加"楼房（2）.jpg""楼房（3）.jpg"素材，并设置"旋转"为"10"。

（6）选择"文字"工具**T**，输入文字，在"属性"面板中设置"填充色"为"255""255""255""1"，在"专有属性"栏中单击**B**按钮，在"字体"下拉列表中选择"思源黑体-Black"选项，调整文字的大小和位置。

（7）选择文字，选择"变形"工具**▦**，在舞台上拖动调整点，以完整显示文字。完成后保存文件，完成H5页面的制作。

知识拓展

在使用Mugeda制作H5页面时，为了操作的便利性，常会将制作的Photoshop文件直接导入页面中。只需选择"导入Photoshop（PSD）素材"工具**Ps**（快捷键为D），打开"导入Photoshop（PSD）素材"对话框，将PSD文件直接拖动到对话框中，或单击对话框黑色区域，在"打开"对话框中找到PSD文件，单击 打开(O) 按钮进行导入。

将PSD文件添加至对话框后，依次单击PSD文件左边的展开图标**▼**将PSD文件的各个图层展开，按住【Ctrl】键的同时单击PSD文件的各个图层（注意不要选中PSD组，否则无法上传），单击 分层导入 按钮。此时，PSD文件中每个图层的素材即可依次分层导入Mugeda平台，如图4-70所示。

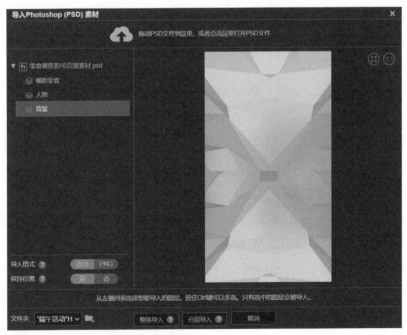

▲ 图4-70 导入Photoshop（PSD）素材

导入PSD文件前，需先检查PSD文件里的图层是否带有图层混合模式，带有混合模式的图层将无法显示，可将其与其他图层合并，以方便导入。

 本章小结

在设计H5页面时，通过添加图片、音频、视频等媒体文件，不仅可以使H5页面更加生动和多样化，提升页面的视觉效果，还可以吸引用户的注意力，并增强用户与页面的互动性。同时，通过文字输入功能，可以直观地表达H5页面内容，将信息清晰地传达给用户；通过编辑文字可以更好地组织和呈现文字内容，使H5页面更具可读性和美观性。

课后习题

1. 单项选择题

（1）添加音频/音效的常用工具是（　　）。

　　A. "导入图片" 工具　　　　　　　　　B. "导入声音" 工具

　　C. "导入视频" 工具　　　　　　　　　D. "图表" 工具

（2）添加幻灯片的常用工具是（　　）。

　　A. "导入图片" 工具　　　　　　　　　B. "图表" 工具

　　C. "导入视频" 工具　　　　　　　　　D. "幻灯片" 工具

（3）虚拟现实与视频、音频、图片等展现方式的最大区别是（　　）。

　　A. 方便查看　　　　　　　　　　　　B. 便于使用

　　C. 方便拖动　　　　　　　　　　　　D. 可操作，可交互

2. 多项选择题

（1）常见的图片上传方式有（　　）。

　　A. 批量上传　　　　B. 输入网址　　　　C. 扫码上传　　　　D. 以上都不对

（2）下列选项中，属于常用图表类型的有（　　）。

　　A. 饼状图　　　　B. 折线图　　　　C. 柱状图　　　　D. 雷达图

（3）输入文字后，在"属性"面板中的"预置文本"下拉列表中罗列的选项有（　　）。

　　A. 当前时间/日期　　　　　　　　　B. 当前加载进度百分数

　　C. 当前舞台/元件帧数　　　　　　　D. 当前舞台/帧数

3. 简答题

（1）简述上传图片到"素材库"的方法。

（2）简述如何设置背景音乐。

（3）简要说明文字的输入方法。

4. 实操题

（1）使用Mugeda制作中秋节H5页面，在制作时先添加背景素材，然后添加月饼、玉兔等主要素材（配套资源：素材文件\第4章\中秋节H5页面素材\），最后输入文字，完成后的参考效果如图4-71所示。

（2）打开家居H5页面的相关素材（配套资源：素材文件\第4章\家居H5页面\），将素材添加到H5页面中，然后依次添加文字、图片、视频和音频，完成后的参考效果如图4-72所示。

▲ 图4-71　中秋节H5页面

▲ 图4-72　家居H5页面

第5章　制作动画

　　动画在H5页面中起着至关重要的作用，不仅能够吸引用户的注意力，还可以提升用户对页面的参与度和满意度，为用户创造更好的浏览体验。使用Mugeda可制作不同类型的动画。

知识目标

1 掌握帧动画的制作方法。
2 掌握特型动画的制作方法。
3 掌握预置动画的制作方法

素养目标

1 培养实事求是的工作态度。
2 激发对动画制作的兴趣。

学习导图

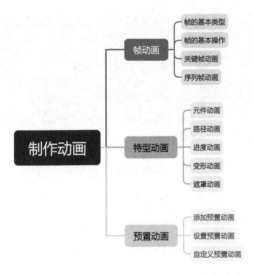

5.1 帧动画

帧动画是一种常见的动画形式，其原理是在连续的关键帧中分解动画动作。在Mugeda的"时间线"面板中，每一帧都是一个单独的图像，通过连续的方式播放这些图像，就会形成流畅的动画效果。帧动画的类型有很多，比如关键帧动画、序列帧动画等，而要想制作帧动画，首先要对帧的基本类型和基本操作有足够的了解。

5.1.1 帧的基本类型

在Mugeda中制作不同类型的帧动画时，可能会使用多种不同的帧，图5-1所示为"时间线"面板中各种不同类型的帧及相关显示标记，如播放标记、帧编号等。

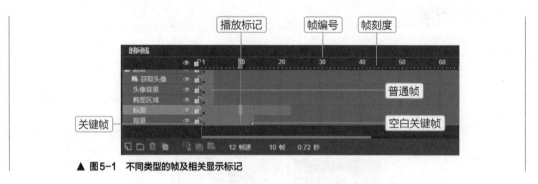

▲ 图5-1 不同类型的帧及相关显示标记

• 播放标记。该标记是一条黄色的指示线，主要有两个作用，一是浏览动画，当播放场景中的动画或拖动该标记时，场景中的内容会随着标记位置发生变化；二是选择指定的帧，场景中显示的内容为该播放标记停留的帧的内容。

• 帧编号。用于提示当前帧数，每10帧显示一个编号。

• 帧刻度。每一个刻度代表一个帧。

• 关键帧。关键帧是指在动画播放过程中，定义了动画关键变化环节的帧。关键帧在"时间线"面板中以黑色小圆表示。

• 空白关键帧。顾名思义，空白关键帧就是关键帧中没有任何对象，它主要用于在关键帧与关键帧之间形成间隔。空白关键帧在"时间线"面板中以白色小圆表示，若在空白关键帧中添加内容，该空白关键帧将会变为关键帧。

• 普通帧。普通帧是指常用帧，它在"时间线"面板中以灰色方块表示，具有过滤和延长内容显示的功能。普通帧越多，关键帧与关键帧之间的过渡就越缓慢。

5.1.2 帧的基本操作

在制作帧动画前，需要了解帧的基本操作，如插入帧、选择帧、复制帧、粘贴帧、删除帧等。

1. 插入帧

为了动画效果的需要，可以自行选择插入不同类型的帧。

● 插入普通帧。单击想要插入普通帧的位置，选择【动画】/【插入帧】命令，或按【F5】键。

● 插入关键帧。单击想要插入关键帧的位置，选择【动画】/【插入关键帧】命令，或按【F6】键。

　　单击想要插入帧的位置，单击鼠标右键，在弹出的快捷菜单中选择相应的命令，也可插入普通帧或关键帧。

2. 选择帧

编辑帧前，需要选择该帧。若要选择一个帧，可以单击该帧将其选中。若要选择多个连续的帧，可以拖动鼠标框选。

3. 复制帧、粘贴帧

制作动画时，需要根据实际情况复制帧、粘贴帧。选择要复制的帧后，可以通过【动画】/【复制帧】命令，或按【Ctrl+C】组合键复制帧；定位鼠标指针到需要粘贴的位置后，再通过【动画】/【粘贴帧】命令，或按【Ctrl+V】组合键粘贴帧。

4. 删除帧

对于不用的帧，可以将其删除。选择要删除的帧，单击鼠标右键，在弹出的快捷菜单中选择"删除帧（可多选）"命令，或按【Ctrl+F5】组合键，可删除普通帧；选择"删除关键帧（可多选）"命令，或按【Ctrl+F6】组合键，可删除关键帧。

　　若不想删除帧，而是只删除帧中的内容，可通过清除帧来实现。其操作方法为：选择需要清除的帧，单击鼠标右键，在弹出的快捷菜单中选择"清空关键帧"命令。

5.1.3 关键帧动画

关键帧动画是通过设定动画的起点帧和终点帧两个关键帧，然后通过软件自动生成动画过程的动画形式。制作时在终点帧上单击鼠标右键，在弹出的快捷菜单中选择"插入关键帧动画"命令，此时起点帧和终点帧之间的区域将呈绿色显示，然后通过调整终点帧或起点帧上的图形，可生成连续的动画效果，而起点帧和终点帧的中间区域为过渡帧，如图5-2所示。

▲ 图5-2 插入关键帧动画

5.1.4 序列帧动画

序列帧动画是把多张静态图片按指定顺序播放，使画面具有连贯性的动画。序列帧动画常应用于电影、游戏、广告、H5页面等领域。

单击需要添加序列帧动画的帧位置，打开"素材库"对话框，勾选"全选""以序列帧形式添加"复选框，单击 添加 按钮，如图5-3所示，此时舞台中将生成序列帧动画。选择【动画】/【循环】命令，单击"预览"按钮 ，可观看序列帧动画效果，如图5-4所示。

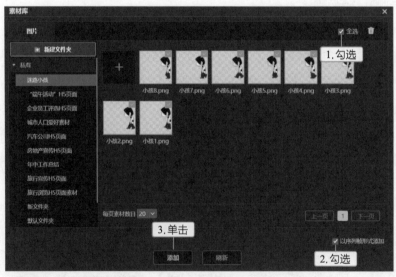

▲ 图5-3 添加序列帧动画素材

▲ 图5-4　预览效果

5.1.5　实战案例：制作汽车公司H5进入页和首页

某汽车公司准备为用于企业宣传的H5页面制作进入页和首页，要求第1页为进入页，采用序列帧动画的方式展示；第2页为首页，让文字逐帧展示。具体操作步骤如下。

（1）启动并登录Mugeda，打开"新建"对话框，在"自定义"栏中设置"W"为"640"，"H"为"1136"，单击 创建 按钮。

（2）在"属性"面板中设置舞台的填充色为"75""127""246""1"。

（3）单击第1帧位置，选择"素材库"工具 ▦ ，打开"素材库"对话框，新建名为"汽车公司H5页面"的文件夹，然后将序列帧动画素材文件夹中的所有图片（配套资源：素材文件\第5章\序列帧动画素材\）添加到"素材库"对话框中，勾选"全选""以序列帧形式添加"复选框，单击 添加 按钮，此时舞台中就会生成序列帧动画，如图5-5所示。

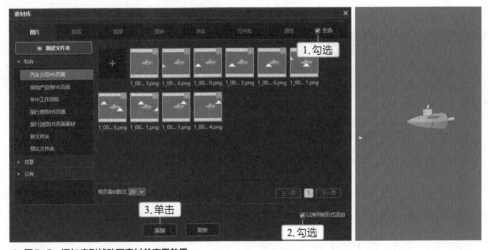

▲ 图5-5　添加序列帧动画素材并查看效果

（4）选择第1帧，按【Ctrl+C】组合键复制关键帧，然后在第11帧处按【Ctrl+V】组合键粘贴关键帧，如图5-6所示。

（5）选择第2帧并复制关键帧，然后在第12帧处粘贴，使用相同的方法复制并粘贴其他关键帧，如图5-7所示。

▲ 图5-6 复制并粘贴关键帧

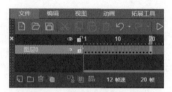

▲ 图5-7 复制并粘贴其他关键帧

（6）在"时间线"面板中单击"新建图层"按钮，如图5-8所示。

（7）选择"文字"工具，在舞台上单击，然后输入"加载中……"文字。选择文字，在"属性"面板中设置"填充色"为"255""255""255""1"，在"专有属性"栏的"字体"下拉列表中选择"方正隶书简体"选项，在"大小"右侧的文本框中输入"60"，如图5-9所示。

（8）选择文字，选择"变形"工具，在舞台中拖动调整点，使文字能够完整显示，如图5-10所示。

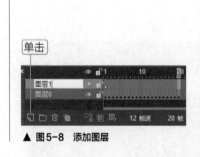

▲ 图5-8 添加图层

▲ 图5-9 设置文字专有属性

▲ 图5-10 调整文字

（9）单击"页面编辑"面板中第1页下方的➕按钮，新建页面，如图5-11所示。

（10）选择"导入图片"工具，在"素材库"对话框中上传并选择"背景.png"素材（配套资源：素材文件\第5章\序列帧动画素材\背景.png），单击▇▇添加▇▇按钮添加图片，然后使用"变形"工具调整图片的大小，使其覆盖整个舞台，效果如图5-12所示。选择第20帧，按【F5】键插入关键帧。

（11）选择"文字"工具**T**，在舞台上输入"看车"文字。选择文字，在"属性"面板中设置"填充色"为"255""255""255""1"，在"专有属性"栏的"字体"下拉列表中选择"思源黑体–Medium"选项，在"大小"右侧的文本框中输入"60"，效果如图5-13所示。

（12）选择第5帧，按【F6】键插入关键帧，双击"看车"文字使其呈可编辑状态，在文字右侧输入"·买车"文字，调整文字的位置，效果如图5-14所示。

▲ 图5-11 新建页面

▲ 图5-12 添加背景

▲ 图5-13 输入"看车"文字

▲ 图5-14 输入"买车"文字

（13）选择第10帧，按【F6】键插入关键帧，双击"看车"文字使其呈可编辑状态，在"买车"文字右侧输入"·用车"文字，调整文字的位置，效果如图5-15所示。

（14）选择第11帧，选择"文字"工具**T**，在舞台上输入"迅驰汽车之家"文字。选择文字，在"属性"面板"专有属性"栏的"字体"下拉列表中选择"思源黑体– DemiLight"选项，在"大小"右侧的文本框中输入"30"，设置"字间距"为"30"。选择文字，选择"变形"工具**田**，在舞台中拖动调整点，使文字能够完整显示，如图5-16所示。

（15）按【Ctrl+S】组合键，打开"保存"对话框，在"文件名"文本框中输入"汽车公司H5页面"，单击 保存 按钮，如图5-17所示。

▲ 图5-15 输入文字

（16）单击"预览"按钮▭，预览H5动画效果，如图5-18所示。

▲ 图5-16　输入并设置文字

▲ 图5-17　保存文件

▲ 图5-18　预览效果

5.2 特型动画

特型动画是具有一定特殊性的动画形式，在Mugeda中，特型动画主要有元件动画、路径动画、进度动画、变形动画、遮罩动画等。使用这些动画可增强H5页面的互动性，吸引用户的注意力，并为用户提供更加丰富、有趣的浏览体验。

5.2.1 元件动画

在制作H5页面的过程中，经常会遇到需要重复使用一个或多个素材的情况，为了避免重复制作，可将那些会重复用到的素材制作成元件，以便直接调用。元件动画就是将这些元件看作一个一个的"零件",然后用这些"零件"进行拼装,从而快速组成完整的动画。并且,当元件在舞台上运动时,元件内设置的动画也会同时播放,这样整个H5页面的动画效果会更丰富。

制作元件动画的方法为:选择要转换为元件的图形,单击鼠标右键,在弹出的快捷菜单中选择"转换为元件"命令,将图形转换为元件,如图5-19所示。双击元件,进入该元件的编辑页面,在其中可编辑元件中的内容。

除此之外,还可打开"元件"面板,在其中可进行元件的新建、复制、导入、导出以及新建文件夹、导出至元件库、编辑元件、添加到绘画板、删除元件等操作,如图5-20所示。

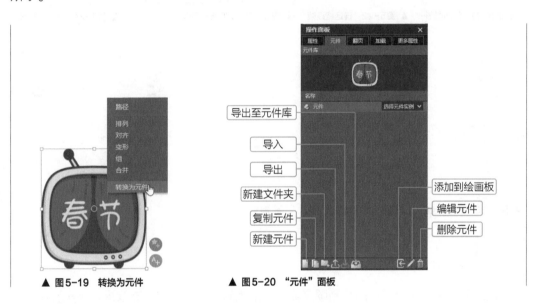

▲ 图5-19 转换为元件　　　▲ 图5-20 "元件"面板

● 导出至元件库。选择要保存的元件,单击该按钮,会打开"保存至元件库"对话框,设置元件的保存信息后单击 确定 按钮。

5.2.2 路径动画

路径动画即对象沿着绘制的路径运动的动画。在制作时需先在舞台中添加一个图形,如图5-21所示。在"时间线"面板中确定路径动画的终点帧,并插入关键帧动画,然后选择并调整终点帧中的图形,如图5-22所示。选中关键帧动画的过渡帧,单击鼠标右键,在弹出的快捷菜单中选择"切换路径显示"命令,如图5-23所示。此时舞台上会显示一条灰色路径线,如图5-24所示。选中关键帧动画的过渡帧,并单击鼠标右键,在弹出的快捷菜单中选择"自定义路径"命令,此时舞台上的灰色路径线将变为紫色,效果如图5-25所示。选中路径线,通过控制柄调节动画运动路径线为曲线,如图5-26所示。

在"时间线"面板上左右拖曳播放标记，可查看路径动画效果，如图5-27所示。

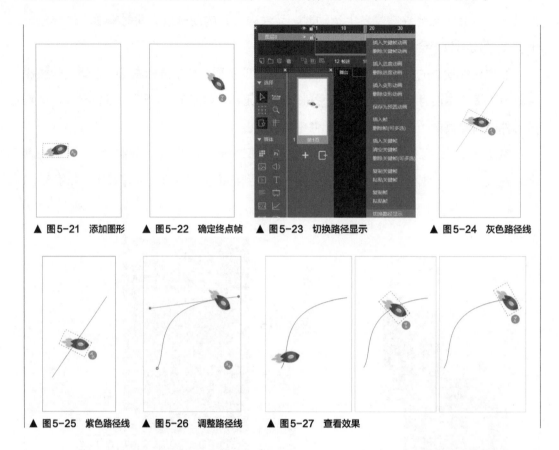

▲ 图5-21　添加图形　　▲ 图5-22　确定终点帧　　▲ 图5-23　切换路径显示　　▲ 图5-24　灰色路径线

▲ 图5-25　紫色路径线　　▲ 图5-26　调整路径线　　▲ 图5-27　查看效果

5.2.3　进度动画

进度动画主要按照图形的绘制顺序或文字的编辑顺序来实现动态效果，可实现绘制线条过程的效果和文字打字机的效果。在制作时可绘制多个线性图形，如图5-28所示，然后在"时间线"面板中确定路径的终点帧，在其上单击鼠标右键，在弹出的快捷菜单中选择"插入进度动画"命令，如图5-29所示。此时，"时间线"面板中将出现紫色的进度动画过渡帧，单击"预览"按钮，可查看线性图形逐渐绘制成型的效果，如图5-30所示。

▲ 图5-28　绘制图形

▲ 图5-29　插入进度动画

▲ 图5-30　查看效果

5.2.4 变形动画

变形动画是指通过改变元素的外形、大小或位置创造出各种有趣的效果。变形动画主要分为形状变形动画和文字变形动画。

1. 形状变形动画

形状变形动画可以实现将一个形状变成另一个形状的动画效果。以将矩形变为三角形为例，可先使用"矩形"工具▣绘制矩形，然后确定终点帧，并在其上单击鼠标右键，在弹出的快捷菜单中选择"插入变形动画"命令，如图5-31所示。选中终点帧，使用"节点"工具▣拖动矩形上方的锚点，使矩形变成三角形，

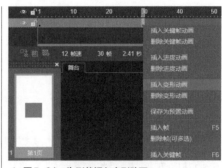

▲ 图5-31 为形状插入变形动画

效果如图5-32所示。单击"预览"按钮▣，可查看图形由矩形逐渐变为三角形的效果，如图5-33所示。

▲ 图5-32 调整变形图形

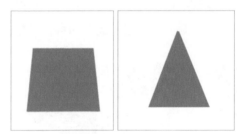

▲ 图5-33 查看效果

2. 文字变形动画

文字变形动画可以让文字实现由聚集到展开的效果，其主要通过设置关键帧上文本属性的变化，如字体颜色、字体大小、行间距、字间距等，从而达到文字变形的效果。只需使用"文字"工具▣在舞台上输入文字，然后确定终点帧，并在该帧上单击鼠标右键，在弹出的快捷菜单中选择"插入变形动画"命令，如图5-34所示。在"属性"面板的"专有属性"

▲ 图5-34 插入变形动画

栏中调整字体、大小、对齐方式等。单击"预览"按钮▣，可查看文字逐渐变形的效果，如图5-35所示。

▲ 图5-35　查看效果

5.2.5　遮罩动画

遮罩动画是比较特殊的动画类型，主要包括遮罩层及被遮罩层。遮罩层用于控制显示的范围及形状，被遮罩层则主要显示动画内容，如遮罩层中是一个椭圆图形，被遮罩层是一个卡通场景，则用户只能看到这个椭圆中所显示的卡通场景效果，如图5-36所示。制作遮罩动画时，可先选择需要作为遮罩层的图层，在"时间线"面板中单击"转为遮罩层"按钮，将普通图层转换为遮罩层；若需要只显示被遮罩层，可单击"添加到遮罩层"按钮；若要显示遮罩内容，可单击"切换遮罩显示"按钮。

▲ 图5-36　遮罩层、被遮罩层与遮罩动画效果

5.2.6　实战案例：制作H5加载动画

七夕节到来之际，某公司为了吸引更多用户点击，准备对用于企业宣传的H5页面加载页进行升级，要求采用动画的方式遮罩有关七夕节的H5加载页，具体操作步骤如下。

微课视频

制作H5加载动画

（1）启动并登录Mugeda，打开"新建"对话框，在"自定义"栏中设置"W"为"640"，"H"为"1136"，单击 创建 按钮。

（2）选择"导入Photoshop（PSD）素材"工具，打开"导入Photoshop（PSD）素材"对话框，将"H5加载动画素材.psd"素材（配套资源：素材文件\第5章\H5加载动画素材.psd）拖入对话框中，按住【Ctrl】键不放依次选择左侧的所有图层，单击 分层导入 按钮，如图5-37所示。

（3）此时可发现舞台中显示了所有添加的图形，并在"时间线"面板中按照添加顺序显示了所有图层，拖动图层调整图形的叠放，效果如图5-38所示。

▲ 图5-37　导入素材

▲ 图5-38　调整图层顺序

（4）在舞台中选择"玫瑰花"图形并单击鼠标右键，在弹出的快捷菜单中选择"转换为元件"命令，将图形转换为元件，如图5-39所示。

（5）使用相同的方法，依次将其他图形转换为元件，在"元件"面板中可查看转换后的元件效果，如图5-40所示。

（6）选择"背景"图层，选择第40帧，按【F5】键插入帧。选择"气球2"图层，选择第1帧，然后在舞台中选择该气球图形，将其往下拖动至舞台下方，如图5-41所示。

▲ 图5-39　转换为元件

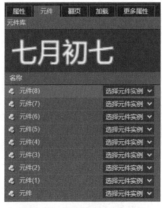

▲ 图5-40　转换其他图形为元件

▲ 图5-41　向下拖动图形

117

（7）选择第10帧，单击鼠标右键，在弹出的快捷菜单中选择"插入关键帧动画"

命令，如图5-42所示。

（8）选择右上角的气球图形，向上拖动到舞台上方，如图5-43所示，使其形成自下而上的上升效果。

（9）使用相同的方法，在第5帧对"气球"图层中的图形插入关键帧动画，如图5-44所示，并通过调整气球位置使其形成自下而上的上升效果。

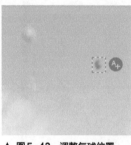

▲ 图5-42　插入关键帧动画　　▲ 图5-43　调整气球位置　　▲ 图5-44　插入其他关键帧动画

（10）选择"气球1"图层，在第15帧处插入关键帧动画，然后选择第1帧，如图5-45所示。

（11）在舞台上选择"气球1"图层中的图形，向下拖动并旋转气球，如图5-46所示。

（12）选择"玫瑰"图层，在第15帧处插入关键帧动画，然后选择第1帧，将玫瑰向下拖动并旋转。选中关键帧动画的过渡帧，在其上单击鼠标右键，在弹出的快捷菜单中选择"切换路径显示"命令，如图5-47所示。

▲ 图5-45　插入关键帧动画　　▲ 图5-46　拖动并调整气球　　▲ 图5-47　插入其他关键帧动画

（13）此时舞台上会显示一条灰色的路径线，选中关键帧动画的过渡帧并单击鼠标右键，在弹出的快捷菜单中选择"自定义路径"命令，此时舞台上的灰色路径线将变为紫色，如图5-48所示。

（14）选择"节点"工具，选择第15帧，通过控制柄调整动画运动的路径线，如图5-49所示。

（15）选择其他图层，在第15帧处插入关键帧动画，然后选择第1帧，缩小文字，如图5-50所示。

▲ 图5-48　自定义路径

▲ 图5-49　调整路径线

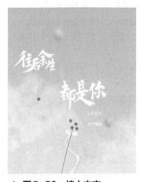

▲ 图5-50　缩小文字

（16）新建图层，将其命名为"遮罩"，在第10帧处按【F6】键插入关键帧，如图5-51所示。

（17）选择"圆角矩形"工具，在舞台下方绘制500像素×70像素的圆角矩形，并设置"圆角半径"为"40"，用作进度条，如图5-52所示。

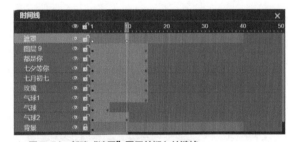

▲ 图5-51　新建"遮罩"图层并插入关键帧

▲ 图5-52　绘制圆角矩形

（18）在"遮罩"图层下方新建图层，并命名为"框"，选中"遮罩"图层的进度条，按【Ctrl+C】组合键复制图形，然后选择"框"图层的第10帧，按【Ctrl+Shift+V】组合键原位粘贴，如图5-53所示。在"属性"面板中将"填充色"设置为透明，"边框色"设置为"0""0""0""1"，隐藏"遮罩"图层，查看设置后的效果，如图5-54所示。

（19）在"遮罩"图层下方新建图层，并命名为"被遮罩元素"，在第10帧处按【F6】键插入关键帧，使用"曲线"工具绘制图形，在"属性"面板中设置"填充色"为"244""67""54""1"，然后将绘制的形状拖动到圆角矩形的左侧，效果如图5-55所示。

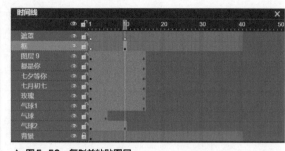

▲ 图5-53　复制并粘贴图层

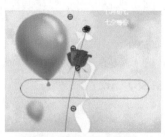

▲ 图5-54　查看设置后的效果

（20）在第40帧处单击鼠标右键，在弹出的快捷菜单中选择"插入关键帧动画"命令，如图5-56所示。

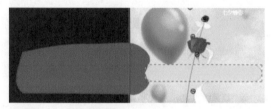

▲ 图5-55　新建遮罩图层

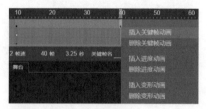

▲ 图5-56　插入关键帧动画

（21）选择第40帧，将被遮罩元素平行移动到进度条的右侧，使其能包裹住进度条，如图5-57所示。

（22）选择"遮罩"图层，单击"转为遮罩层"按钮█完成进度条的制作，如图5-58所示。

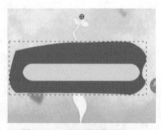

▲ 图5-57　移动被遮罩元素

▲ 图5-58　转为遮罩层

（23）新建图层，将其命名为"进度条"，在第10帧处按【F6】键插入关键帧，选择"文本"工具█，在进度条的下方插入文本框，输入"加载中……"文字，在"属性"面板中设置"填充色"为"102""102""102""1"，"字体"为"思源黑体-Black"，"大小"为"40"，效果如图5-59所示。

（24）选择第40帧并单击鼠标右键，在弹出的快捷菜单中选择"插入进度动画"命令，如图5-60所示。

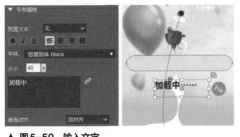

▲ 图5-59　输入文字

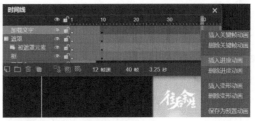

▲ 图5-60　插入进度动画

（25）选择其他图层的第40帧，按【F5】键插入帧，如图5-61所示。

（26）选择"玫瑰"图层的第15帧，在"属性"面板中设置"滤镜"为"色饱和度"，然后单击 ┿ 按钮，拖动下方的滑块，调整"色饱和度"为"152%"，如图5-62所示。

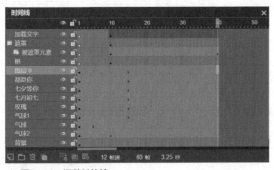

▲ 图5-61　调整其他帧

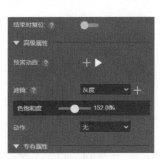

▲ 图5-62　添加滤镜

（27）按【Ctrl+S】组合键，打开"保存"对话框，在"文件名"文本框中输入"H5加载动画"，单击 保存 按钮。然后单击"预览"按钮 ，预览设置的H5动画效果，如图5-63所示。

▲ 图5-63　预览效果

除了添加特型动画，还可在"属性"面板的"高级属性"栏中为选中的元素应用滤镜，目前支持的滤镜有灰度、亮度、对比度、色饱和度、色调、模糊等，以提升画面美感。

5.3 预置动画

预置动画属于Mugeda的自带动画形式，可用于快速完成动画制作，是较为常用的一种动画形式。

5.3.1 添加预置动画

添加预置动画需要先选择添加预置动画的素材，单击素材右侧的●图标，如图5-64所示。或是在"属性"面板中单击"预置动画"后的➕图标，可打开"添加预置动画"面板，其中罗列了进入、强调、退出3种动画类型，如图5-65所示。将鼠标指针移动到预置动画选项上可在舞台上查看该动画效果，单击选择预置动画，便可完成预置动画的添加，添加后在素材右侧将会显示该动画的蓝色图标，如图5-66所示。

▲ 图5-64 单击图标　　　▲ 图5-65 选择预置动画　　　▲ 图5-66 完成添加

5.3.2 设置预置动画

添加预置动画后，单击素材右侧的蓝色图标，或单击"属性"面板"高级属性"栏中所选择动画右侧的✎按钮，如图5-67所示，可打开"动画选项"对话框，在其中设置时长、延迟和方向后，单击■确认■按钮，如图5-68所示。除此之外，在"高级属性"栏中拖动"自动播放""循环播放"右侧的滑块还可设置播放方式。

▲ 图5-67　单击按钮

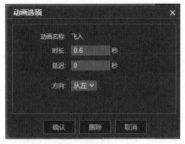

▲ 图5-68　动画选项

5.3.3　自定义预置动画

若Mugeda自带的预置动画不符合设计需求，可先在"时间线"面板中制作需要的动画效果，然后在完成后的动画的过渡帧上单击鼠标右键，在弹出的快捷菜单中选择"保存为预置动画"命令，如图5-69所示。打开"修改计时"对话框，在其中可设置时长、延迟等信息，单击 确认 按钮，如图5-70所示。再次打开"添加预置动画"面板，便可在"自定义"选项卡中查看添加的预置动画，如图5-71所示。

▲ 图5-69　选择"保存为预置动画"命令

▲ 图5-70　打开"修改计时"对话框

▲ 图5-71　查看预置动画

5.3.4　实战案例：制作元旦H5页面首页

元旦到来之际，某公司准备为元旦H5页面首页中的文字添加动画，使其更具吸引力，要求为文字添加不同的预置动画，让整个首页更加生动。具体操作步骤如下。

微课视频

制作元旦H5页面首页

（1）启动并登录Mugeda，新建"W"为"640"，"H"为"1138"的文档。选择"导入Photoshop（PSD）素材"工具 Ps ，打开"导入Photoshop（PSD）素材"对话框，上传并添加"元旦H5页面首页背景.psd"素材（配套资源：素材文件\第5章\元旦H5页面首页背景.psd），按住【Ctrl】键不放依次选择左侧的所有图层，单击 分层导入 按钮。

（2）在舞台上选择"元"文字，单击 ⚝ 图标，打开"添加预置动画"面板，选择"移入"选项，如图5-72所示。

（3）在舞台上选择"旦"文字，单击"属性"面板中"高级属性"栏"预置动画"选项右侧的 + 按钮，打开"添加预置动画"面板，选择"蹦入"选项，如图5-73所示。

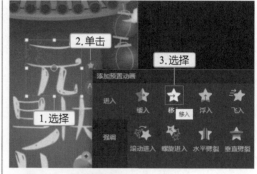

▲ 图5-72　选择预置动画

▲ 图5-73　通过"属性"面板设置预置动画

（4）在舞台上选择"快"文字，单击 ⚝ 图标，打开"添加预置动画"面板，选择"螺旋进入"选项，如图5-74所示。

（5）在舞台上选择"乐"文字，单击"属性"面板中"高级属性"栏"预置动画"选项右侧的 + 按钮，打开"添加预置动画"面板，选择"褪色"选项，单击 ✎ 按钮，打开"动画选项"对话框，设置"时长"为"3"，"延迟"为"1"，单击"确认"按钮，如图5-75所示。

▲ 图5-74　选择"螺旋进入"预置动画

▲ 图5-75　设置动画选项

（6）按【Ctrl+S】组合键，打开"保存"对话框，在"文件名"右侧的文本框中输入"元旦H5页面首页"，单击 保存 按钮。单击"预览"按钮 ▷，可预览设置的H5动画，效果如图5-76所示。

▲ 图5-76　预览效果

元旦，即公历的1月1日，是世界上大多数国家通称的"新年"。元，谓"始"，凡数之始称为"元"；旦，谓"日"；"元旦"即"初始之日"的意思。元旦是一个回顾过去、展望未来的日子，在制作相关H5页面时，可以在其中添加一些祝福语，以及设定新的目标与计划，展望美好未来。

综合训练

制作口红产品推广H5页面

1. 实训背景

某美妆品牌准备推广其新款口红产品。为了增加产品曝光度，决定设计一个具有互动性和创意性的H5页面，希望通过设计精美、创意独特的H5页面效果，塑造出该美妆品牌高端、时尚的形象，突出口红产品的特色和魅力，吸引潜在消费者的关注和认同。在设计时要求采用动画的形式对重要内容进行展示，参考效果如图5-77所示。

产品推广是产品进入市场所必须经历的一个阶段，也是企业营销产品的常用推广方式之一。在设计产品推广H5页面时，为了让推广的产品更具特色，可将产品外观、产品功能、促销内容等以动画的形式依次展现。设计师在设计时需注意不要夸大产品的功能，不能弄虚作假，而是要实事求是地展示产品信息。

2. 实训目标

（1）能够制作逐帧动画。

▲ 图5-77　口红产品推广H5页面

（2）能够制作变形动画。

（3）能够制作预置动画。

3. 任务实施

步骤提示如下。

（1）启动并登录Mugeda，新建"W"为"640"，"H"为"1138"的文档。选择"导入Photoshop（PSD）素材"工具 ，打开"导入Photoshop（PSD）素材"对话框，上传并添加"口红产品推广H5页面素材.psd"素材（配套资源：素材文件\第5章\口红产品推广H5页面素材.psd），选择左侧的所有图层，单击 分层导入 ❓ 按钮，分层导入内容，再在"时间线"面板中调整图层的位置，使其能够完整显示，并修改图层的名称。

（2）选择"背景""背景1"图层，选择第50帧，按【F5】键插入帧，新建图层，并隐藏其他图层。选择"椭圆"工具 ，在舞台中间绘制410像素×410像素的圆形，设置"填充色"为"186""63""62""1"。

（3）选择圆形所在的图层，在第5帧处单击鼠标右键，在弹出的快捷菜单中选择"插入变形动画"命令。选择"节点"工具 ，拖动圆形的节点使其形成圆角矩形效果，在调整节点时可先新建节点再调整。

（4）显示"当红不让"图层，选择第1帧并向右拖动到第5帧，调整文字图形的关键帧位置。选择第15帧，单击鼠标右键，在弹出的快捷菜单中选择"插入关键帧动画"命令。

（5）选择第5帧，在舞台上选择文字图形，向下拖动到舞台底部，使其形成自下而上的文字上升效果。

（6）显示其他文字图层，使用相同的方法插入关键帧动画。然后选择第5帧，在舞台上选择文字图形，向下拖动到舞台底部，使其形成自下而上的文字上升效果。

（7）显示"口红"图层，选择第1帧并向右拖动到第15帧，在舞台上选择"口红"

图形，单击█图标，打开"添加预置动画"面板，选择"移入"选项。

（8）按【Ctrl+S】组合键，打开"保存"对话框，在"文件名"文本框中输入"产品推广H5页面"，单击█保存█按钮。单击"预览"按钮█，可预览设置的H5动画效果。

知识拓展

如果想制作较为复杂的路径动画效果，可使用编辑运动曲线的方法来完成。编辑运动曲线可在关键帧动画中进行，只需选择关键帧动画或变形动画中的任意一个关键帧，在"属性"面板的"专有属性"栏中将会出现"运动"下拉列表，默认为"线性"选项。打开"运动"下拉列表，其中有许多系统自带的运动类型，如图5-78所示，选择"自定义运动曲线"选项后，其旁边将会出现█编辑█按钮，单击该按钮，将打开"编辑运动曲线"对话框。

第一次打开"编辑运动曲线"对话框时，默认曲线是线性，并且显示为半透明，表示还没有指定任何曲线，设计师可以从"预置曲线"下拉列表中选择一个曲线类型，此时，曲线会显示为实线。运动曲线的横坐标代表时间，纵坐标代表运动进度。每一段运动曲线首尾各有一个绿色节点，左下角的绿色节点代表对应关键帧动画段的开始时刻和运动进度0%，右上角的绿色节点代表对应关键帧动画段的结束时刻和运动进度100%。运动曲线可以通过拖动红色控制节点进行编辑，以实现不同运动特征的运动效果，如图5-79所示。

▲ 图5-78 "运动"下拉列表

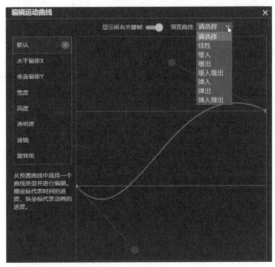

▲ 图5-79 编辑运动曲线

添加运动曲线后，左侧对应的属性列表会显示一个关闭按钮，表明该属性已经指定了一个自定义的运动曲线，每一个列出的属性（如宽度、透明度、滤镜等）都可以定义自己独立的运动曲线。如果没有指定，对应的属性就会采用默认属性的运动曲线。如果没有指定默认运动曲线，则会采用线性运动曲线。

如果有多个关键帧动画，运动曲线会显示为多段，每一段都由首尾两个节点来划分。其中，显示为绿色的为当前正在编辑的关键帧动画段，单击任意曲线段可以切换当前编辑的动画段。

本章小结

动画是H5页面设计中的重要部分，本章涵盖了动画制作中的多个核心概念和技术，如帧动画、特型动画和预置动画等。其中，5.1节介绍了帧的基本类型和操作方法，以及关键帧动画和序列帧动画的概念和应用；5.2节介绍了元件动画、路径动画、进度动画、变形动画和遮罩动画等技术，同时提供了相应的实战案例；5.3节介绍了预置动画的添加、设置和自定义方法。

通过学习本章内容，设计师可以掌握动画制作的基本原理和常用技术，并通过实战案例加深对这些技术的理解和应用，从而在H5页面设计中创造出更吸引人的动画效果，提升用户体验。

课后习题

1. 单项选择题

（1）通过设定动画的起点帧和终点帧两个关键帧，并由软件自动生成动画过程的动画是（ ）。

    A. 帧动画　　　　B. 加载动画　　　　C. 关键帧动画　　　　D. 遮罩动画

（2）通过把多张静态图片按指定顺序播放，呈现出想要的动画效果的动画是（ ）。

    A. 关键帧动画　　B. 序列帧动画　　C. 变形动画　　　　D. 遮罩动画

（3）可实现绘制线条过程的效果和文字打字机的效果的动画是（ ）。

    A. 遮罩动画　　　B. 进度动画　　　C. 变形动画　　　　D. 滤镜动画

2. 多项选择题

（1）播放标记的作用是（ ）。

    A. 浏览动画　　　B. 选择指定的帧　　C. 选择帧　　　　　D. 复制帧

（2）变形动画主要分为（　　）。

  A. 形状变形动画   B. 直线变形动画

  C. 文字变形动画   D. 路径变形动画

（3）"添加预置动画"面板中罗列的动画类型有（　　）。

  A. 进入   B. 强调   C. 退出   D. 加载

3. 简答题

（1）简述关键帧与关键帧动画的区别。

（2）简述变形动画的类型。

（3）简述添加预置动画的方法。

4. 实操题

（1）使用 Mugeda 制作 H5 页面动画效果。在制作时需参考提供的文字素材（配套资源：素材文件\第5章\快闪.txt），使用加载动画和关键帧动画完成制作，参考效果如图5-80所示。

（2）现需要制作夏日 H5 页面，要求在 Mugeda 中导入页面的相关素材（配套资源：素材文件\第5章\夏日 H5 页面.psd），并为导入的素材添加动画效果，可使用关键帧动画、路径动画来完成制作，参考效果如图5-81所示。

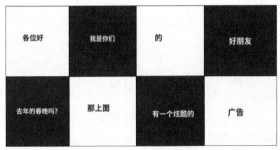

▲ 图5-80　参考效果

▲ 图5-81　参考效果

第6章　行为、触发条件与控件

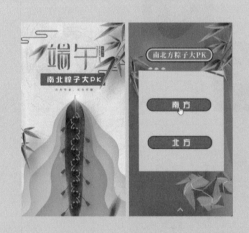

使用Mugeda制作如表单、游戏、多媒体课件等H5页面时，常通过设置行为、触发条件来增强交互性，或使用控件来提升整个页面的设计感。

—— **知识目标**

1 掌握设置行为与触发条件的方法。
2 掌握控件的操作方法。

—— **素养目标**

1 培养全局意识，增强H5各个页面的关联性。
2 提高服务意识，能够从用户的角度思考H5页面中内容的触发条件。

—— **学习导图**

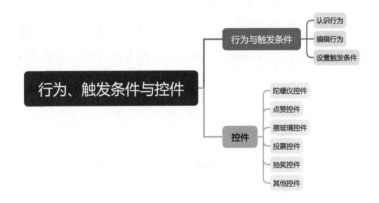

6.1 行为与触发条件

在Mugeda中，当需要通过某个按钮跳转到其他页面，或对声音、视频等进行控制时，可设置行为与触发条件来提升页面的互动性。

6.1.1 认识行为

在H5页面中，行为指的是用户与页面之间的交互和响应。H5页面通常包含了各种动态元素和交互功能，通过用户的操作或事件触发，页面会产生相应的响应和动作，这些响应和动作就是页面中的行为。例如，在H5页面中进行点击按钮、滑动页面等操作会触发相应的效果，如展开菜单、切换页面、播放音/视频等。

在Mugeda中，行为主要用于解决帧链接和页链接的问题，以及物体与物体之间的关联问题。设计师通过行为可以创造出连贯的页面内容，实现丰富多样的交互效果，提升用户的体验感和参与感。同时，Mugeda中的行为也能为设计师带来更广阔的创作空间和创新思路。

6.1.2 编辑行为

在Mugeda中，行为可以添加到任意元素上，设计师只需选择任意的图形，单击⬛按钮或按【X】键，打开"编辑行为"对话框，在左侧的"行为"栏中罗列了常用的行为选项，包括动画播放控制、媒体播放控制、属性控制、微信定制、手机功能和数据服务等，如图6-1所示。单击这些行为选项，下方还会弹出具体的行为列表，设计师可根据需求选择行为。

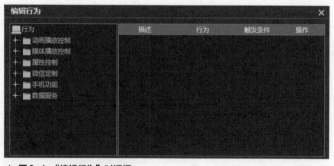

▲ 图6-1 "编辑行为"对话框

- 动画播放控制。包括暂停、播放、下一帧、上一帧等行为。
- 媒体播放控制。包括播放声音、停止所有声音、控制声音、播放视频等行为。

- 属性控制。包括改变元素属性、设置定时器、跳转链接、修改图表数据等行为。
- 微信定制。包括定制图片、控制微信录音、显示微信头像、显示微信昵称、定义分享信息等行为。
- 手机功能。包括打电话、发短信、发送邮件、日历事件、地图等行为。
- 数据服务。包括提交表单、投票、抽奖、增加计数、提交考卷结果等行为。

6.1.3　设置触发条件

选择符合需求的行为后，在"编辑行为"对话框的右侧可设置行为的触发条件。触发条件与行为相对应，是控制行为的方式。下面以"播放声音"行为的触发条件设置为例进行介绍。在对话框左侧"行为"栏的"媒体播放控制"展开列表中选择"播放声音"选项，在右侧单击"触发条件"下方的下拉按钮，在打开的下拉列表中罗列了点击、出现、鼠标移入、鼠标移出、手指按下、手指抬起等多种选项，如图6-2所示。当作品中设置的行为较多时，可在"描述"下方的文本框中进行备注，以方便管理。单击▱按钮，打开"参数"对话框，在其中可设置事件名称、音频名称、声音元件、自动循环等内容（这些参数根据所选行为的不同有所区别），如图6-3所示。

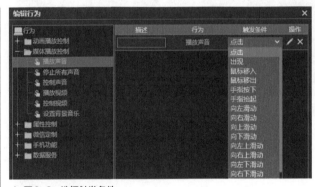

▲ 图6-2　选择触发条件

▲ 图6-3　设置参数

知识补充　当添加的行为过多或设置的触发条件不符合需求时，可在"编辑行为"对话框的右侧选择不需要的行为，单击▨按钮，打开删除提示框，单击▨按钮，将该行为直接删除。

6.1.4　实战案例：为游戏H5首页按钮添加行为

现需要为某游戏首页中的按钮添加行为，方便后期跳转到其他页面，要求通过点击该按钮能直接跳转到下一帧。具体操作步骤如下。

（1）启动并登录Mugeda，打开"新建"对话框，在"自定义"栏中设置"W"为"640"，"H"为"1136"，单击 创建 按钮。

（2）将"游戏首页背景.png""游戏按钮.png"素材（配套资源：素材文件\第6章\游戏首页背景.png、游戏按钮.png）上传并添加到舞台分图层显示，然后调整素材的大小和位置，效果如图6-4所示。

（3）单击"游戏按钮"所在图形右侧的 按钮，打开"编辑行为"对话框，在"行为"栏的"动画播放控制"展开列表中选择"下一帧"选项，在右侧的"触发条件"下拉列表中选择"点击"选项，如图6-5所示。

（4）返回舞台可发现黄色的 图标变为了绿色的 图标，表示该图形已经添加了行为，如图6-6所示。

▲ 图6-4 添加素材

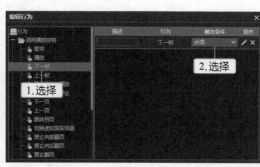

▲ 图6-5 编辑行为

▲ 图6-6 添加行为后的效果

6.2 控件

在H5页面设计中，控件常与行为联合使用，是用于制作特殊效果的组件，如陀螺仪、点赞、擦玻璃、投票、抽奖等控件，控件可让H5页面更具趣味性。

6.2.1 陀螺仪控件

陀螺仪控件主要用于制作外力感应交互效果，如当用户晃动手机时，H5页面中的物体将跟随手机的晃动角度进行运动。

在工具箱中选择"陀螺仪"工具，在舞台中单击，会出现陀螺仪"工具的图标和一串数字，如图6-7所示，系统自动将陀螺仪命名为"陀螺仪1"。在其"属性"面板中可调整陀螺仪的各个属性，改变其颜色、文本内容、陀螺仪类型等。陀螺仪的旋转类型包括绕X轴旋转角、绕Y轴旋转角和绕Z轴旋转角，如图6-8所示。其中，绕X轴旋转角和绕Y轴旋转角的角度设置范围为−180°～180°，绕Z轴旋转角的角度设置范围为0°～360°。若要将陀螺仪控件运用到图形上，需要先将其与图形关联，关联的方法将在第7章进行详细介绍。因为陀螺仪控件的效果只限于手机查看，无法在PC端查看，因此我们可先保存作品，然后使用手机扫描生成的二维码进行查看。

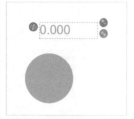

▲ 图6-7　添加陀螺仪

▲ 图6-8　陀螺仪的旋转类型

技术讲堂　为了达到更好的控制效果，还可在添加完陀螺仪控件后，单击右侧的按钮，打开"编辑行为"对话框，在其中设置属性控制，并设置触发条件，让旋转效果更具可控性，从而增强H5页面的互动性。

6.2.2　点赞控件

在设计有关竞选、评比等内容的H5页面时，常需要对竞选、评比的内容添加点赞控件，使页面具有互动性。此时可以选择工具箱中的"点赞"工具，在舞台中拖动鼠标，确定点赞按钮的尺寸后，释放鼠标左键，将会出现一个示意图案，示意图案上方的数字为点赞的数量，如图6-9所示。

选择绘制的爱心图案，在"属性"面板中可设置其属性，包括文字位置、文字颜色、文字大小、不允许撤销（该选项用于设置是否允许用户撤销之前的所有点赞数量，开启则

▲ 图6-9　绘制图案

允许多次点赞后不可以撤销）、允许多次点赞、隐藏提交提示、多次点赞间隔（允许多次点赞的时间间隔，单位是秒）、每次增加数（每一次点赞增加的点赞数目）等，如图6-10所示，完成后可预览点赞效果，如图6-11所示。

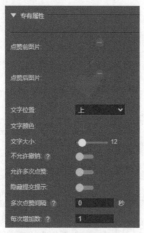

▲ 图6-10 设置专有属性

▲ 图6-11 预览点赞效果

如果需要直观地显示点赞数量，可先在舞台上添加一个文本框，在文本框中输入数值"0"，选择绘制的爱心图案，单击右侧的⊕按钮，打开"编辑行为"对话框。在左侧选择"属性控制"展开列表中的"改变元素属性"选项，然后设置触发条件为"属性改变"。单击✎按钮，打开"参数"对话框，设置"元素名称"为"文字1"，"元素属性"为"文本或取值"，"赋值方式"为"在现有值基础上增加"，"取值"为"1"，如图6-12所示，单击 确认 按钮，之后再次预览时可发现点赞数量已直观显示。

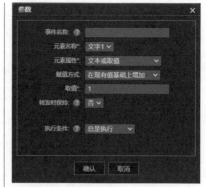

▲ 图6-12 设置参数

6.2.3 擦玻璃控件

在Mugeda中使用擦玻璃控件可通过手指拖动形成玻璃擦除效果。只需选择"擦玻璃"工具🖐，在舞台中拖动鼠标，确定玻璃区域，效果如图6-13所示。选择绘制的形状。在"属性"面板的"专有属性"栏中可设置其各种属性，如背景图片（擦除后的图片）、前景图片（擦除前的图片）、图片位置、图片尺寸、水平偏移、垂直偏移、橡皮擦大小、剩余比例（指擦除过程中剩余比例数值，剩余比例越高擦除面积越小，跳转到擦除后的图片的时间越短）、端点、接合等，如图6-14所示。

添加背景图片和前景图片后，单击"预览"按钮🖼，拖动鼠标擦除前景图片，背景图片即会出现，如图6-15所示。

▲ 图6-13 绘制形状

▲ 图6-14 设置专有属性

▲ 图6-15 擦除效果

另外，擦玻璃控件还有特有的触发条件，选择绘制的擦玻璃控件形状，单击 button 按钮，打开"编辑行为"对话框，在左侧任意选择触发行为，如选择"下一页"选项，在右侧"触发条件"下拉列表中选择"擦玻璃完成"选项，如图6-16所示。预览时可发现擦玻璃完成后将自动跳转至下一页。

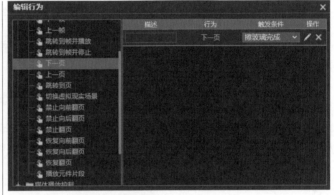

▲ 图6-16 设置擦玻璃的触发条件

6.2.4 投票控件

在Mugeda中，若需要制作与投票相关的H5页面，可使用投票控件来完成，但需要注意投票控件是一个后台数据组件，添加后会在服务器中生成一个投票数据记录，完成记录后还需要添加投票行为才能提交投票结果。

选择"投票"工具，在舞台中单击，将自动打开"投票数据设置"对话框，在其中可设置相关参数，完成后单击 确认 按钮，如图6-17所示。此时，数据库中会生成一个投票数据点，同时会在舞台中生成投票控件，如图6-18所示。

由于在预览H5页面时投票控件不会显示，为了方便用户查看投票的内容，通常还需要单独设置每个投票对象。例如，需要设置的投票对象为"成都"，可依次在投票控件下方输入文字"成都""投票数""是否投票"（3段文字对应的功能分别为：投票按钮、显示"成都"的投票数、显示当前用户是否给"成都"投过票），如图6-19所示。

同时，为了便于后期为文字添加行为，可在"属性"面板中分别对输入的文字进行重命名（重命名名称最好与输入文字名称一致）操作。

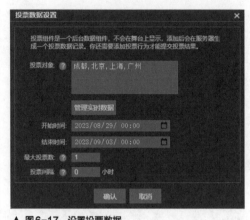

▲ 图6-17 设置投票数据

▲ 图6-18 生成投票控件

▲ 图6-19 设置投票对象

　　选择前面设置的投票对象（这里选择"成都"文字），单击 按钮，打开"编辑行为"对话框，选择"数据服务"展开列表中的"投票"选项，在右侧单击 按钮，如图6-20所示。打开"参数"对话框，设置投票行为，其中投票对象、显示结果对象和显示是否投票的设置都分别对应前面添加的文字（这里分别选择"成都""投票数""是否投票"选项）；"投票成功后""投票失败后"选项分别用于设置投票成功和失败后的页面反馈（这里设置为"跳转到帧"，表示可以跳转到指定的页面），设置完成后单击 确认 按钮，如图6-21所示。

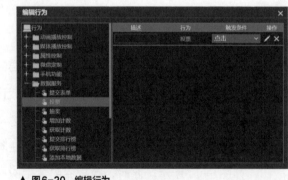

▲ 图6-20 编辑行为

▲ 图6-21 设置参数

　　设置成功后保存文件，单击"预览"按钮 ，在H5页面中点击投票按钮即可进行投票操作，同时还会根据投票设置显示相应的结果文字，如投票数量、是否投票等。

6.2.5 抽奖控件

　　在制作活动类H5页面时，常常会进行抽奖页面的制作，此时可使用Mugeda中的抽奖控件来完成。

选择"抽奖"工具，在舞台中单击，将自动打开"抽奖设置"对话框，在其中可对抽奖状态、活动期间抽奖次数、再次抽奖等待时间、抽奖模式、奖项设置、领奖码等进行设置，如图6-22所示。

● 开始时间和结束时间。指抽奖时，如果在开始时间和结束时间范围内则可以抽奖，否则不可以抽奖。

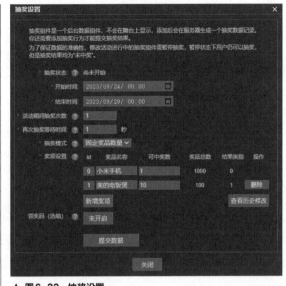

▲ 图6-22 抽奖设置

● 活动期间抽奖次数。用于限制用户的抽奖次数，若超过设置的值则无法再抽奖。

● 再次抽奖等待时间。用于限制用户多次抽奖的时间间隔，单位为秒，用户多次抽奖的时间间隔不能超过这个参数值。

● 抽奖模式。有固定奖品数量、即抽即中、均匀分布、自定义概率4种模式。固定奖品数量可以设置任意数量的奖品，活动结束前实时奖品数量不为零时用户均有机会中奖；即抽即中是以一个固定的概率抽取设置的奖品，概率与奖品数量有关，每一次抽奖都有概率可以中奖，直到所有奖品分发完毕；均匀分布是指在抽奖时间内自动调整中奖概率，基本保证奖品在活动时间内均匀发放；自定义概率则是指中奖的概率为自定义的概率。

● 奖项设置。分为 id、奖品名称、可中奖数、奖品总数、结果类别、操作6个奖项类目，可按照一行一个奖项的方式进行设置。

● 领奖码（非必填，如果活动没有领奖码，可以不填写）。领奖码对象为一组分号隔开的字符串，一行一个领奖码。

以上参数配置完成后，单击 提交数据 按钮即可生成一个完整的抽奖控件，如图6-23所示。由于抽奖控件是一个后台数据组件，不会在舞台上显示，添加后会在服务器中生成一个抽奖数据记录，设计师需要为该组件添加抽奖行为才能提交抽奖结果。如在组件下方输入"奖品等级""奖品名称""领奖码""剩余抽奖次数"文字，然后在文字下方绘制抽奖按钮，如图6-24所示。

选择绘制的抽奖按钮，单击 按钮，打开"编辑行为"对话框，选择左侧"数据服务"展开列表中的"抽奖"选项，在右侧的"触发条件"下拉列表中选择"点击"选项，单击 按钮，打开"参数"对话框，对抽奖行为进行设置，如图6-25所示。

▲ 图6-23　生成抽奖控件

▲ 图6-24　添加抽奖
文字和绘制抽奖按钮

▲ 图6-25　设置参数

- 显示抽奖结果类别。抽奖的结果会显示在指定的文本框内。

- 显示奖品名称。用于显示抽奖结果对应的奖品名称，会显示在指定文本框内。

- 显示领奖码。主要针对领奖码，假如一等奖对应的领奖码是"领奖码1"，那么这个领奖码就会显示在对应的文本框内。

- 显示剩余抽奖次数。用于显示剩余抽奖次数。

- 绑定表单提交。用于指定提交表单，在提交对应表单时，会将抽奖结果作为表单的一部分随表单一起提交（抽奖结果在表单内不可见）。

- 执行条件。用于为当前行为添加执行的条件，只有满足执行条件后，当前行为才会执行。

6.2.6　其他控件

除了以上常用控件，还有如定时器、绘画板、连线、拖放容器、计时器、排行榜、签到等其他控件。

- 定时器。用于创建定时事件和动画。通过使用定时器控件，可以设定一个时间间隔，在该时间间隔内执行特定的操作或触发某些事件。选择"定时器"工具，在舞台中单击创建控件，在右侧的"属性"面板中可设置定时器的参数，如精度、计时方向、是否循环、不可见时、长度等。

- 绘画板。用于创建绘画效果的控件，可以为用户提供自由绘画的体验，并能够实现交互和多样化的创作内容。选择"绘画板"工具，在舞台中拖动鼠标，绘制出一个绘画板，通过调整"调整绘画板属性"行为，可设置绘画板、画笔线宽、画笔颜色等，提升绘画板的可操作性。

- 连线。用于在一些特定内容（如教育类测试课件等）中允许用户连接两个元素，从而实现特定的交互效果。选择"连线"工具，在舞台中拖动鼠标，可绘制连线。

- 拖放容器。用户可指定一个拖放容器来接收拖放元素，以实现特定的交互效果。选择"拖放容器"工具，在舞台中拖动鼠标，绘制拖放容器控件，在右侧的"属性"面板中可设置放置提示、提示颜色、允许多次拖放、自动复位等。

- 计时器。用于在一些特定内容（如测试类H5页面等）中设置特定时间。选择"计时器"工具，在舞台中单击可生成计时器内容，在右侧的"属性"面板中可设置计时方向、自动开始、计时方式、显示格式、时间长度、长度单位、是否循环等。

- 排行榜。用于按照一定规则对参加活动的用户进行排序并显示结果。选择"排行榜"工具，在舞台中单击，打开"排行榜"对话框，在其中可设置上榜数目、上榜分数、分数规则等。

- 签到。用于设置签到内容，包括签到的开始时间、结束时间、签到规则等。选择"签到"工具，在舞台中单击，打开"签到"对话框，在其中可设置开始日期、结束日期、签到规则等。

> **人才素养**
>
> 在设计H5页面时，我们需要灵活选择和使用各种控件，以满足页面和用户需求，提升用户体验，使设计的H5页面功能更丰富，且更加人性化。

6.2.7　实战案例：制作企业员工评选H5页面

微课视频

制作企业员工评
选H5页面

某公司准备评选优秀员工，需要制作企业员工评选H5页面，整个页面分为4个部分，要求在不同页面中添加不同的控件，使H5页面的交互效果更丰富。具体操作步骤如下。

（1）启动并登录Mugeda，打开"新建"对话框，在"自定义"栏中设置"W"为"640"，"H"为"1136"，单击 创建 按钮。

（2）单击第1帧位置，选择"素材库"工具，打开"素材库"对话框，新建文件夹并将其命名为"企业员工评选H5页面"，然后将"企业员工评选H5页面素材"文件夹中的所有图片（配套资源：素材文件\第6章\企业员工评选H5页面素材\）添加到"素材库"对话框中，选择"首页背景.png"素材，单击 添加 按钮，选择第50帧，按【F5】键插入帧。

（3）新建图层，将"文字.png"素材添加到舞台中，选择第30帧，单击鼠标右键，在弹出的快捷菜单中选择"插入关键帧动画"命令，选择第50帧，按【F5】键插入帧，如图6-26所示。

（4）选择"图层2"的第1帧，选择并缩小文字，如图6-27所示，使其形成从小变大的文字效果。

（5）新建图层，选择"圆角矩形"工具█，在舞台下方绘制320像素×80像素的圆角矩形，并设置"填充色"为"78""127""193""1"，"边框大小"为"8"，然后使用"文字"工具█在圆角矩形上输入"点击进入"文字，并调整文字的大小和位置，如图6-28所示。

▲ 图6-26　添加素材

▲ 图6-27　缩小文字

▲ 图6-28　制作按钮

（6）组合圆角矩形和文字，选择"点击进入"图形右侧的➕按钮，打开"编辑行为"对话框，选择"动画播放控制"展开列表中的"下一页"选项，如图6-29所示。

（7）新建页面，选择"擦玻璃"工具👆，在舞台中拖动鼠标，确定擦玻璃区域的大小，这里直接绘制与舞台相同大小的形状，如图6-30所示。

（8）选择绘制的形状，在"属性"面板的"专有属性"栏中单击"背景图片"右侧的➕按钮，打开"素材库"对话框，在其中选择"底部背景.png"图片，单击 添加 按钮。使用相同的方法在"前景图片"栏中添加"擦除背景.png"图片，设置"橡皮擦大小"为"64"，如图6-31所示。

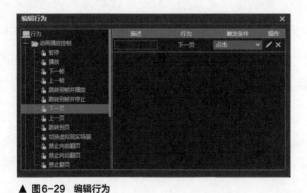

▲ 图6-29　编辑行为

▲ 图6-30　绘制形状

（9）新建页面，将"投票页面.png"素材添加到舞台中，选择"投票"工具▣，在舞台中"项目工程部"文字的右侧单击，将自动打开"投票数据设置"对话框，在其中设置图6-32所示的投票参数，完成后单击 确认 按钮。

▲ 图6-31 设置擦除图片

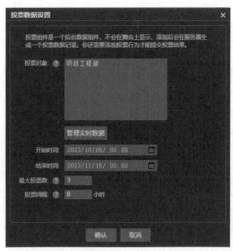

▲ 图6-32 设置投票数据

（10）此时，舞台中会生成一个投票控件，如图6-33所示，并且在"属性"面板中会将其自动命名为"投票1"，这里将名称修改为"项目工程部插件"，方便后期添加行为。

（11）使用"文字"工具▣在投票控件下方输入"点击投票""投票数：数值""参与人数：人数"文字。在"属性"面板中将"点击投票"名称修改为"项目工程部"，其他文字名称则与文字内容相同，然后调整文字的大小和位置，效果如图6-34所示。

▲ 图6-33 完成投票插件添加

▲ 图6-34 输入文字

（12）选择"点击投票"文字，单击🅐₊按钮，打开"编辑行为"对话框，选择"数据服务"展开列表中的"投票"选项，在右侧的"触发条件"下拉列表中选择"点击"选项，单击 按钮，如图6-35所示。

（13）打开"参数"对话框，设置"投票组件"为"项目工程部插件"，"投票对象"为"项目工程部"，"显示结果对象"为"数值"，"显示是否投票"为"人数"，完成后单击 确认 按钮，如图6-36所示。

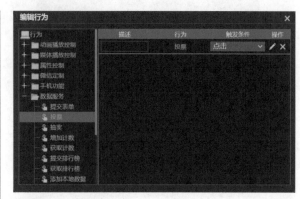 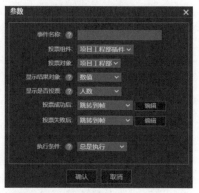

▲ 图6-35 编辑行为   ▲ 图6-36 设置投票参数

（14）使用相同的方法设置其他投票部分，最后单击"预览"按钮 预览企业员工评选H5页面，效果如图6-37所示。

▲ 图6-37 预览效果

人才素养　在现代社会中，投票是一个重要的民主机制。无论是在政治选举还是在公司决策中，投票都是一种较为公正的决策方式。投票人员在投票的过程中需要依据公平、诚信等原则，以确保投票结果的公正性和准确性。

![key icon] 综合训练

制作端午节活动 H5 页面

1. 实训背景

端午节到来之际，某公司为了吸引更多用户参与端午节活动并提高品牌曝光度，决定制作一个端午节活动 H5 页面，要求活动内容为南方和北方进行粽子 PK，当点击相应按钮后，可查看对应的粽子信息。除此之外，在最后一页，用户还可通过点赞的方式进行投票。参考效果如图 6-38 所示。

2. 实训目标

（1）掌握行为和触发条件的设置方法。

（2）掌握点赞控件的使用方法。

3. 任务实施

步骤提示如下。

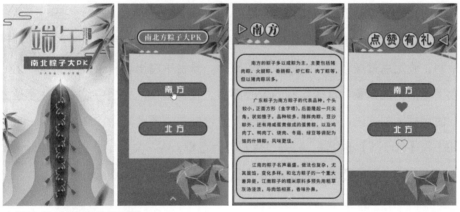

▲ 图6-38　端午节活动 H5 页面

（1）启动并登录 Mugeda，新建 "W" 为 "640"，"H" 为 "1136" 的文档。选择 "导入 Photoshop（PSD）素材" 工具 [Ps]，打开 "导入 Photoshop（PSD）素材" 对话框，上传并添加 "端午节活动页面 1.psd" 素材（配套资源：素材文件\第 6 章\端午节活动页面 1.psd），选择左侧的所有图层，单击 [分层导入 ?] 按钮，按住【Ctrl】键分层导入内容，再在 "时间线" 面板中调整图层的位置。

（2）新建 4 个页面，选择第 2 页，选择 "导入 Photoshop（PSD）素材" 工具 [Ps]，打开 "导入 Photoshop（PSD）素材" 对话框，上传并添加 "端午节活动页面 2.psd" 素材

（配套资源：素材文件\第6章\"端午节活动页面2.psd），选择左侧的所有图层，单击  按钮，按住【Ctrl】键分层导入内容，再在"时间线"面板中调整图层的位置。

（3）选择"南方"图形，单击其右侧的 按钮，打开"编辑行为"对话框。选择"动画播放控制"展开列表中的"跳转到页"选项，在"触发条件"下拉列表中选择"点击"选项，单击 按钮，打开"参数"对话框。在"页名称"下拉列表中选择"第3页"选项，单击 按钮。

（4）选择"北方"图形，单击其右侧的 按钮，打开"编辑行为"对话框。选择"动画播放控制"展开列表中的"跳转到页"选项，在右侧的"触发条件"下拉列表中选择"点击"选项，单击 按钮，打开"参数"对话框。在"页名称"下拉列表中选择"第4页"选项，单击 按钮。

（5）选择第3页，选择"素材库"工具 ，打开"素材库"对话框，新建文件夹并将其命名为"端午节活动H5页面"，然后将序列帧动画素材文件夹中的所有图片（配套资源：素材文件\第6章\端午节活动H5页面素材\）添加到"素材库"对话框中，选择"端午节活动页面3.png"素材，单击 按钮，添加素材图片。

（6）使用相同的方法，选择第4页，添加"端午节活动页面4.png"素材；选择第5页，添加"端午节活动页面5.png"素材。

（7）选择第5页，选择工具箱中的"点赞"工具 ，在"南方"图形下方拖动鼠标进行绘制，确定点赞按钮的尺寸后，释放鼠标，舞台中将出现一个爱心图案，爱心图案上的数字为点赞的数量。选择绘制的爱心图案，在"属性"面板中设置"文字位置"为"下"。使用相同的方法，在"北方"图形下方绘制爱心图案。

（8）按【Ctrl+S】组合键，打开"保存"对话框，在"文件名"文本框中输入"端午节活动H5页面"，单击 按钮。单击"预览"按钮 预览H5页面效果。

知识拓展

由于微信是H5的重要应用场景，所以Mugeda还提供了一些与微信相关的常用控件，工具箱中常用的微信定制控件包括微信头像、微信昵称和跳转小程序等。

1. 微信头像

若需要在H5页面中显示和编辑微信头像，可在工具箱中选择"微信头像"工具 ，舞台中将出现一个用于获取微信头像的图标。选择该图标，单击其右侧的 按钮，打开

"编辑行为"对话框。在左侧选择"微信定制"展开列表中的"显示微信头像"选项，在右侧单击 按钮，打开"参数"对话框，在其中可设置头像参数。

2. 微信昵称

若需要编辑H5页面中的微信昵称，可在工具箱中选择"微信昵称"工具 ，舞台中将出现一个文字输入框。双击文字输入框，可在框中输入微信昵称，选中微信昵称，可调整其在舞台上的位置。除此之外，在"属性"面板中还可设置微信昵称的字体、字号、颜色等。

3. 跳转小程序

若要在H5页面中跳转到小程序，可选择"跳转小程序"工具 ，在舞台上拖动鼠标，可绘制出跳转小程序图标。在"属性"面板的"专有属性"栏中可输入小程序的ID和小程序页面路径，注意跳转小程序功能只在微信应用场景中生效。

本章小结

在H5页面设计的过程中，行为是用户与页面之间的交互和响应，触发条件是控件执行特定行为的条件，而控件可以实现各种交互效果，三者结合应用可提升H5页面的交互性。

在运用控件时，需要与行为和触发条件结合，从用户的角度出发，思考哪些控件能够更好地满足用户需求，以及如何通过控件的行为和触发条件来提升用户体验。同时，要考虑H5页面的整体设计风格和一致性，保持控件的统一性和可视性。

课后习题

1. 单项选择题

（1）用于制作外力感应交互效果的控件是（ 　 ）。

    A. 陀螺仪控件 　　　　　　　　　　B. 点赞控件

    C. 擦玻璃控件 　　　　　　　　　　D. 投票控件

（2）可制作竞选、评比等页面的控件是（ 　 ）。

    A. 抽奖控件 　　　　　　　　　　　B. 投票控件

    C. 擦玻璃控件 　　　　　　　　　　D. 点赞控件

（3）为用户提供自由绘画体验的控件是（ 　 ）。

A. 抽奖控件   B. 点赞控件

C. 绘画板控件   D. 定时器控件

2. 多项选择题

（1）下列选项中，属于常用行为选项的是（   ）。

A. 动画播放控制   B. 媒体播放控制

C. 属性控制   D. 微信定制

（2）下列选项中，属于动画播放控制的行为是（   ）。

A. 暂停   B. 播放   C. 下一帧   D. 上一帧

（3）下列选项中，属于媒体播放控制的行为是（   ）。

A. 播放声音   B. 停止所有声音

C. 控制声音   D. 播放视频

3. 简答题

（1）简述什么是行为。

（2）简述添加点赞控件的方法。

（3）简述添加投票控件的方法。

4. 实操题

使用Mugeda制作新品上新H5页面，在制作时先添加素材（配套资源：素材文件\第6章\新品上新H5页面\），并为"点击进入"按钮添加行为，为第2页添加擦玻璃控件，完成后的参考效果如图6-39所示。

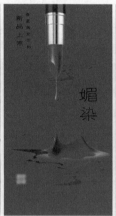

▲ 图6-39   新品上新H5页面

第 7 章　关联与表单

　　在H5页面设计中，关联与表单是用户交互和信息收集的常用方式。关联能在页面元素之间建立连接，帮助用户理解信息层级和关系，使内容展示更加直观。表单则可快速收集用户输入的数据和信息，并在后台进行处理和存储，更具便利性。

—— **知识目标**

1 掌握舞台动画、元件动画、基础属性的关联方法。

2 掌握表单的使用方法。

—— **素养目标**

1 学会合理、有层次地组织各种繁杂信息，提高表单设计能力。

2 提升逻辑思维能力，准确把握各H5页面之间的关联性。

—— **学习导图**

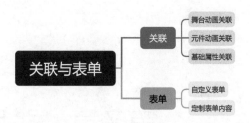

7.1 关联

关联是指事物之间互相牵连和影响。在 Mugeda 中，关联是指通过连接和交互来建立页面元素之间的逻辑关系和互动效果。设计师使用 Mugeda 的关联功能可实现更复杂和丰富的 H5 页面效果。

7.1.1 舞台动画关联

在 Mugeda 中，舞台动画关联指根据舞台上各个元素之间的逻辑关系来连接这些元素，并根据特定条件触发和控制动画的播放，从而实现复杂的动画效果，即用一个物体控制整个舞台动画的播放。

7.1.2 实战案例：为H5页面添加舞台动画关联

下面以为某汽车公司 H5 页面添加舞台动画关联为例，先添加一个音乐图标，然后为图标设置舞台动画关联，使其能够通过图标控制动画。具体操作步骤如下。

微课视频

为H5页面添加舞台动画关联

（1）启动并登录 Mugeda，在"我的作品"页面中找到第5章制作的"汽车公司H5页面"，在其上单击 编辑 按钮，进入编辑页面，选择第1页。

（2）新建图层，将新建的图层命名为"关联"。选择"导入图片"工具 ，打开"素材库"对话框，在"公有"栏中选择"图标"选项，在展开列表中选择"音乐声音图标"选项，在对话框右侧选择"白色圆音符"图标，单击 添加 按钮，完成声音图标的添加，如图7-1所示。

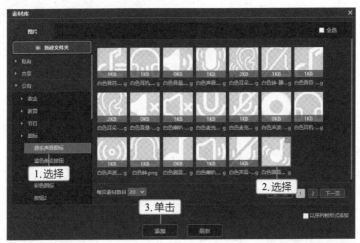

▲ 图7-1 添加素材

（3）使用"变形"工具□缩小添加的声音图标，然后将声音图标拖动到舞台的左下角，在"属性"面板中设置图标名称为"关联"，设置"拖动"为"水平拖动"，如图7-2所示。如果不设置拖动方式，完成后的关联动画将无法移动。

（4）单击舞台的空白区域，在舞台的"属性"面板中设置"动画关联"为"启用"，单击右侧的"关联"按钮█，如图7-3所示。

（5）"属性"面板下方将显示关联的相关属性，设置"关联对象"为"关联"，"关联属性"为"左"，"开始值"为"0"，"结束值"为"640"，"播放模式"为"切换"，如图7-4所示。

▲ 图7-2　设置图标拖动方式

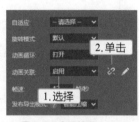

▲ 图7-3　启用关联

▲ 图7-4　设置关联内容

（6）选择图标，单击█按钮，打开"编辑行为"对话框，在左侧选择"动画播放控制"展开列表中的"下一页"选项，在"触发条件"下拉列表中选择"点击"选项，如图7-5所示。

▲ 图7-5　编辑行为

知识补充

　　"关联属性"选择"左"是因为前面设置图标的拖动方式为"水平拖动"，而水平拖动是一种左右拖动的方式，因此这里设置"关联属性"为"左"。而"开始值"和"结束值"主要根据开始帧和舞台宽度确定，这里开始帧为"0"，而整个舞台宽度为"640"。

（7）按【Ctrl+S】组合键，保存文件。单击"预览"按钮█，左右拖动添加的图标可控制动画播放效果，单击该图标可自动跳转到下一页，如图7-6所示。

▲ 图7-6　查看动画效果

7.1.3　元件动画关联

元件动画关联与舞台动画关联相似，区别是将对象由舞台转变为元件。选择需要关联的元件，在"属性"面板中设置该元件的名称，然后设置"拖动"方式，再设置"动画关联"为"启用"，单击右侧的"关联"按钮🔗，在其下方将显示关联的相关属性，在其中可设置元件动画关联的参数，如图7-7所示。

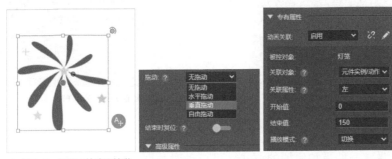

▲ 图7-7　设置元件动画关联

技术讲堂　　舞台动画关联是应用于整个页面或场景的动画效果和交互效果，涉及多个元件的协作和关联；而元件动画关联则是应用于单个元件内部的动画效果和交互效果，专注于元件的个体表现和行为。设计师可根据具体的设计需求，选择合适的关联方式来实现所需的动画效果和交互效果。

7.1.4　基础属性关联

基础属性关联指将一个元素的基础属性值与另一个元素的基础属性值相关联。通过基础属性关联，一个元素的基础属性值变化会反映在关联元素上，以实现元素之间的交互和动态效果。基础属性关联主要在"属性"面板中进行，在"属性"面板中，许多基础属性右侧都有"关联"按钮🔗，单击该按钮，在打开的列表框中可填写关联属性，如图7-8所示。其中，关联方式分为公式关联、自动关联两种。

1. 公式关联

公式关联是指将关联属性和被控量用公式进行关联。使用公式关联可以根据特定的计算规则设置元素属性之间的关系，实现更加灵活和复杂的互动效果。

在"关联方式"下拉列表中选择"公式关联"选项，在下方将出现"被控量="选项，在右侧的文本框中可通过输入关联公式来完成公式关联，如设置"被控量="为"关联属性"，以图7-9所示的数据为例，被控对象的值等于"文字1"的"旋转角度Z"的值。同理，若设置"被控量="为"关联属性×3"，即被控对象的值等于"文字1"的"旋转角度Z"值的3倍。

▲ 图7-8 "属性"面板中的关联

▲ 图7-9 公式关联

2. 自动关联

自动关联是一种更加便捷的方式，可自动对关联属性和被控制对象进行关联，如通过拖动进度条来控制动画的播放。

以一张图片为例，添加一张图片至舞台，使用"矩形"工具▣在舞台上绘制一个矩形，如图7-10所示。在"属性"面板中将其重命名为"拖动点"，再在"属性"面板中设置"拖动"方式，如设置拖动方式为"水平拖动"。

选择舞台中的图片，单击"属性"面板某数值右侧的"关联"按钮🔗，如单击"左"数值右边的"关联"按钮🔗，在打开的下拉列表中可设置关联属性，这里可设置"被控对象"为

▲ 图7-10 绘制矩形

"拖动点","关联属性"为"左","关联方式"为"自动关联",单击下方的➕按钮,可设置主控量与被控量,如设置"主控量"为"20","被控量"为"320";"主控量"为"150","被控量"为"0";"主控量"为"300","被控量"为"320",如图7-11所示。

单击"预览"按钮▣,拖动矩形,可发现当矩形的"左"值为20～150时,元素会从右移向左;为150～300时,元素会从左移向右;在20以下或300以上时,元素不受控制,图7-12所示为拖动"拖动点"图片在设置的区间内移动的效果。

▲ 图7-11 添加图片

▲ 图7-12 查看效果

7.2 表单

表单通常由各种输入框、单选框、多选框、列表框和按钮等组成,用户可以在其中填写信息并将其提交到指定位置,常用于报名填表、意见反馈、需求征集、线上预约、线上订购、会议签、年会邀请等H5页面中。在Mugeda中,设计师可使用各种表单工具来自定义表单和编辑表单。

7.2.1 自定义表单

自定义表单即通过提供的表单工具,如输入框、单选框、多选框、列表框等,自动定义表单内容,使其符合设计需求。

1. 输入框

输入框是表单中的一种常见组件,提供了一个可编辑的区域,用户可以在其中输入相关信息以响应特定的表单字段,可输入的信息类型包括普通文本、文本域、电话号码、电子邮箱、日期、时间、数字等。

选择"输入框"工具█，在舞台上单击即可添加输入框，如图7-13所示。在"属性"面板中可调整相关属性，如颜色、对齐方式、大小、提示文字、错误提示、类型、必填项、输入限制、长度限制、行高等，如图7-14所示。

▲ 图7-13　添加输入框

▲ 图7-14　调整输入框

知识补充

提示文字是指用户输入之前显示在输入框中的提示信息。对于不同的输入框类型，需要选择与之兼容的提示文字类型。例如，在"类型"下拉列表中选择了"日期"选项，那么提示文字需要是诸如"YYYY-MM-DD"的日期格式。

2. 单选框

单选框可用于对多个内容进行罗列，用户只需点击对应的单选项即可选择该内容。选择"单选框"工具◉，在舞台上单击，将添加一个单选框，如图7-15所示。在"属性"面板中可调整相关属性，如对齐方式、大小、垂直对齐、必填项、输入限制、长度限制、行高、标签、外观、边框颜色等。例如，为"性别"内容设置"标签"为"男""女"两个（一个标签一行），如图7-16所示。该单选框将显示设置的标签内容，如图7-17所示。

知识补充

如果在"属性"面板中设置"外观"为"定制"，还可在"未选中图片""选中图片""禁止图片"3个选项中上传图片素材，用于设置在不同状态下单选项的显示效果。

▲ 图7-15　添加单选框

▲ 图7-16　调整单选框属性

▲ 图7-17　显示标签内容

3. 多选框

多选框主要在多项选择时使用，用户可以选择其中的多个选项。选择"多选框"工具 ，在舞台上单击，将添加一个多选框，如图7-18所示。在"属性"面板中可调整相关属性，如对齐方式、字体、大小、必填项、标签、最多可选、外观、边框颜色、标记颜色、禁用颜色等。例如，为"休闲时常做的事"内容设置"标签"为"踢足球""打篮球""打乒乓球"等（一个标签一行），如图7-19所示，其多选框将显示设置的标签内容，如图7-20所示。

▲ 图7-18　添加多选框

▲ 图7-19　调整多选框属性

▲ 图7-20　显示标签内容

4. 列表框

列表框可以用列表的方式罗列多个选项，方便用户快速选择。选择"列表框"工具 ，在舞台上单击，将添加一个列表框，如图7-21所示。在"属性"面板中可进行相关属性的设置，其中"选项"列表框可设置列表框需要展示的内容。例如，在"选项"文本框中输入"北京（BJ）""天津（TJ）"文字，在"必填项"下拉列表中选择"是"选项，如图7-22所示。单击"预览"按钮 ，单击列表框可查看输入的内容，如图7-23所示。

▲ 图7-21 添加列表框

▲ 图7-22 输入列表文字

▲ 图7-23 查看效果

7.2.2 实战案例：制作"城市人口爱好"调查表H5页面

近期，某公司发布了以"城市人口爱好"为主题的问卷调查，要求为其制作H5页面，方便用户快速填写调查表，制作时可分为封面、调查问卷表、提交成功和提交失败4个页面。具体操作步骤如下。

微课视频

制作"城市人口爱好"
调查表H5页面

（1）启动并登录Mugeda，打开"新建"对话框，在"自定义"栏中设置"W"为"640"，"H"为"1136"，单击 按钮。

（2）将素材文件夹中的所有图片（配套资源：素材文件\第7章\城市人口爱好素材\）添加到"素材库"对话框中，并将"问卷1.png"素材添加到舞台中，效果如图7-24所示。

（3）添加新页面，将"问卷2.png"素材添加到舞台中，效果如图7-25所示。

（4）选择"文字"工具 ，依次输入"姓名：""性别：""年龄：""爱好：""地区："，效果如图7-26所示。

（5）选择文字，在"属性"面板中修改"填充色"为"255""255""255""1"，设置"字体"为"思源黑体-Black"，"大小"为"40"，调整文字的位置，如图7-27所示。

▲ 图7-24 添加问卷1

▲ 图7-25 添加新页面

▲ 图7-26 输入文字

（6）选择"输入框"工具，在"姓名"栏右侧单击以添加输入框。在"属性"面板中设置"大小"为"35"，在"提示文字"文本框中输入"输入名字"，在"必填项"下拉列表中选择"是"选项，使用"变形"工具██调整输入框的大小，如图7-28所示。

（7）选择"单选框"工具◎，在"性别"栏右侧单击，将添加一个单选框。在"属性"面板中设置"大小"为"35"，在"必填项"下拉列表中选择"是"选项，设置"标签"为"男""女"，设置"边框颜色"为"255""255""255""1"，如图7-29所示。

▲ 图7-27 调整文字

▲ 图7-28 添加输入框

▲ 图7-29 添加单选框

（8）选择"输入名字"输入框，按【Ctrl+C】组合键复制输入框，然后按【Ctrl+V】组合键粘贴输入框，并将提示文字修改为"输入年龄"，将输入框的位置移动到"年龄"

栏右侧，效果如图7-30所示。

（9）选择"多选框"工具☑，在"爱好"栏右侧单击，将添加一个多选框。在"属性"面板中设置"大小"为"35"，在"必填项"下拉列表中选择"是"选项，设置"标签"为"读书""旅游""运动""音乐"，"边框颜色"为"255""255""255""1"，使用"变形"工具▦拖动多选框调整其显示效果，如图7-31所示。

（10）选择"列表框"工具▦，在"地区"栏右侧单击，将添加一个列表框。在"属性"面板中设置"大小"为"35"，"选项"为"成都（CD）""达州（DZ）""绵阳（MY）""内江（NJ）""广元（GY）"，"必填项"为"是"，如图7-32所示。

▲ 图7-30　复制输入框

▲ 图7-31　添加多选框

▲ 图7-32　添加多选框

（11）由于文字过于紧凑，可先调整文字间距，然后制作提交按钮。选择"圆角矩形"工具▣，绘制400像素×70像素的圆角矩形，设置"填充色"为"255""255""255""1"，再在其上输入"提交表单"文字，设置"填充色"为"0""111""251""1"，设置"字体"为"思源黑体-Black"，"大小"为"40"，调整文字的位置，效果如图7-33所示。

（12）在舞台中分别选中制作好的5个表单框，在"属性"面板顶部元素缩略图旁的名称文本框中分别输入"姓名""性别""年龄""爱好""地区"文字。

（13）添加两个新页面，一个页面用于制作"提交成功"提示页，另一个页面用于制作"提交失败"提示页，将"问卷3.png"素材添加到对应页面的舞台中，并输入对应的"提交成功""提交失败"文字，调整文字的大小和位置，效果如图7-34所示。

（14）选择"提交表单"文字，单击ⒶⓈ按钮，打开"编辑行为"对话框，在左侧选择"数据服务"展开列表中的"提交表单"选项，在右侧设置"触发条件"为"点击"，如图7-35所示。

▲ 图7-33　制作提交表单按钮

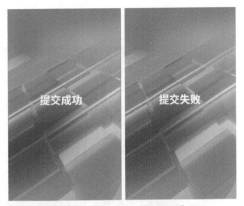

▲ 图7-34　制作"提交成功""提交失败"页面

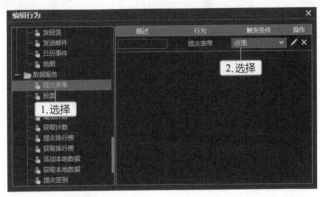

▲ 图7-35　编辑行为

（15）单击▉按钮，打开"参数"对话框，选中提交目标，这里选中重命名后的文本，在"操作成功后""操作失败后"下拉列表中均选择"跳转到页"选项，单击"操作成功后"后的　编辑　按钮，如图7-36所示。

（16）打开"参数"对话框，在"页名称"下拉列表中选择"第3页"选项，单击　确认　按钮，如图7-37所示。继续在"参数"对话框中单击"操作失败后"后的　编辑　按钮，在打开的"参数"对话框中设置"页名称"为"第4页"，依次单击　确认　按钮。

▲ 图7-36　设置参数

▲ 图7-37　设置页名称

（17）单击"预览"按钮，体验表单的可操作性，效果如图7-38所示。

▲ 图7-38　查看效果

城市人口爱好调查属于人口调查中的一种，制作城市人口爱好调查问卷时，制作者在问卷开头应保证会对被调查者提供的信息保密，严格遵守职业道德规范。同时，个人在参与需要填写真实姓名、身份信息、住址、职业等信息的问卷调查时，也应尽量保护好个人隐私，避免被非法调查者利用。

7.2.3　定制表单内容

在制作贺卡、邀请函等内容较多的H5页面时，若依次编辑将十分烦琐，此时可定制表单内容，让操作更简单、便捷。选择"表单"工具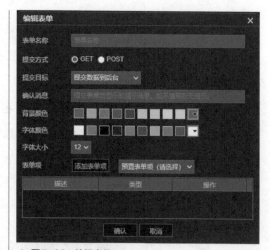，打开"编辑表单"对话框，如图7-39所示，该对话框中部分选项介绍如下。

- 表单名称。用于输入表单名称。

- 提交方式。GET和POST是HTTP（Hypertext Transfer Protocol，超文本传送协议）中常用的两种请求方法。POST是客户端向

▲ 图7-39　编辑表单

服务器发送请求的一种方法，通过POST，客户端将请求的数据放置在请求报文的实体部分，并发送给服务器，这种方法适用于向服务器提交表单数据、上传文件等。GET是客户端向服务器请求资源的一种方法，通过GET，客户端将请求的数据放置在URL（Uniform Resource Locator，统一资源定位符）中，并发送给服务器，这种方法适用于获取服务

器上的资源，如获取网页、图片等。

- 提交目标。用于确定提交表单后的目标位置，包括提交数据到后台、提交并跳转到帧、提交并跳转到页、提交并执行回调函数、后台提交（无窗口）、本窗口中打开、新窗口中打开、微信定制入口等。

- 确认消息。用于输入提交表单后显示的提示消息，如不填写则无提示。

- 背景颜色。用于设置表单的背景颜色。

- 字体颜色。用于设置表单的字体颜色。

- 字体大小。用于设置表单的字体大小。

- 表单项。用于设置表单内容。单击 添加表单项 按钮，打开"添加表单项"对话框，在其中可设置表单的名称、描述、类型和取值（用于确定表单的取值范围，该值主要对单选框、复选框、下拉框有效），单击 保存 按钮，如图7-40所示。返回"编辑表单"对话框，可发现表单项中已经添加了内容，如图7-41所示。

编辑完表单后单击 确认 按钮，再单击"预览"按钮 ，在预览中可输入设置的内容，如前面设置的姓名，单击 确认 按钮，数据即提交至后台服务器中。

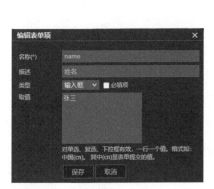

▲ 图7-40 编辑表单项

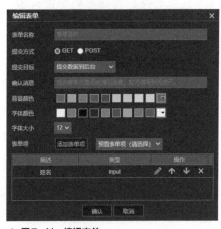

▲ 图7-41 编辑表单

🔑 综合训练

制作"受欢迎景区"调查表H5页面

1. 实训背景

某旅行公司为了了解景区的受欢迎程度，准备针对热门景区制作调查表，要求整个调查表分为4页，第1页是调查表的首页，要美观，其文字要具备动画效果，而且其中的按钮要与动画有关联性；第2页则主要罗列调查表信息，内容要直观；第3页和第4页则为提交成功和提交失败的结果页，参考效果如图7-42所示。

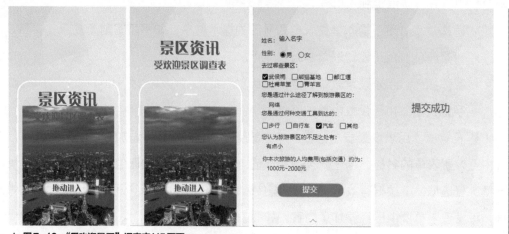

▲ **图7-42 "受欢迎景区"调查表H5页面**

2. 实训目标

（1）能够掌握关联功能的使用方法。

（2）能够掌握表单的使用方法。

3. 任务实施

步骤提示如下。

（1）启动并登录Mugeda，新建"W"为"640"，"H"为"1136"的文档。选择"导入Photoshop（PSD）素材"工具 ，打开"导入Photoshop（PSD）素材"对话框，上传并添加"受欢迎景区素材.psd"素材（配套资源：素材文件\第7章\受欢迎景区素材.psd），选择左侧的所有图层，单击 分层导入 ② 按钮，分层导入内容，再在"时间线"面板中调整图层的位置，使其能够完整显示。

（2）选择"图片""背景"图层，选择第50帧，按【F5】键插入帧。选择"受欢迎景区调查表""景区资讯 "图层，选择第50帧，单击鼠标右键，在弹出的快捷菜单中选择"插入关键帧动画"命令，制作关键帧动画。

（3）选择"受欢迎景区调查表""景区资讯 "图层，选择第1帧，在舞台上选择图形，向下拖动到舞台底部，使其形成自下而上的文字上升效果。分别选择"受欢迎景区调查表""景区资讯 "图形，在右侧的"属性"面板中对图形进行命名。

（4）选择"拖动进入"图标，在"属性"面板中设置图标名称为"关联"，设置"拖动"为"水平拖动"。

（5）单击舞台的空白区域，在舞台的"属性"面板中设置"舞台关联"为"启用"，单击右侧的![按钮]按钮。

（6）设置显示相关属性，设置"关联属性"为"左"，"开始值"为"0"，"结束值"为"350"，"播放模式"为"切换"。

（7）选择"拖动进入"图标，单击![按钮]按钮，打开"编辑行为"对话框，在左侧选择"下一页"选项，在"触发条件"下拉列表中选择"点击"选项。

（8）添加新页面，选择"导入 Photoshop（PSD）素材"工具![Ps]，打开"导入 Photo-shop（PSD）素材"对话框，选择左侧的"背景"图层，单击![分层导入]按钮。

（9）选择"文字"工具![T]，依次输入"姓名："""性别："""去过哪些景区："""您是通过什么途径了解到旅游景区的："""您是通过何种交通工具到达的："""您认为旅游景区的不足之处有："""您本次旅游的人均费用（包括交通）约为："文字，调整文字的大小和位置。

（10）选择"输入框"工具![]，在"姓名："右侧单击以添加输入框。在"属性"面板"提示文字"右侧的文本框中输入"输入名字"，使用"变形"工具![]调整输入框的大小。

（11）选择"单选框"工具![]，在"性别："右侧单击，将添加一个单选框。在"属性"面板中设置"标签"为"男""女"。

（12）选择"多选框"工具![]，在"去过哪些景区："下方单击，将添加一个多选框。在"属性"面板中设置"标签"为"武侯祠""熊猫基地""都江堰""杜甫草堂""青羊宫"，使用"变形"工具![]拖动多选框，使其横排显示。

（13）选择"列表框"工具![]，在"您是通过什么途径了解到旅游景区的："下方单击，将添加一个列表框。在"属性"面板的"选项"文本框中输入"网络、朋友、电视\报纸、广告、旅行社旅游手册"，此时舞台将显示输入的选项内容。

（14）选择"多选框"工具![]，在"您是通过何种交通工具到达的："下方单击，将添加一个多选框，在"属性"面板中设置"标签"为"步行""自行车""汽车""其他"，使用"变形"工具![]拖动多选框，使其横排显示。

（15）选择"输入框"工具![]，在"您认为旅游景区的不足之处有："下方单击添加输入框，在"提示文字"右侧的文本框中输入"输入内容"，使用"变形"工具![]调整输入框的大小。

（16）选择"列表框"工具![]，在"您本次旅游的人均费用（包括交通）约为："下方单击，将添加一个列表框，在"属性"面板的"选项"文本框中输入"1000元以下、1000～2000元、2000～3000元、3000～5000元、5000～10000元"，此时舞台将显示输入的选项内容。

（17）选择"圆角矩形"工具■，绘制350像素×70像素的圆角矩形，在"属性"面板中设置"填充色"为"178""178""178""1"。再使用"文字"工具T在其上输入"提交"文字，在"属性"面板中设置"填充色"为"255""255""255""1"，"大小"为"40"，调整文字的位置。

（18）在舞台中分别选中制作好的7个表单框，在"属性"面板元素缩略图旁的名称输入框中分别输入"姓名""性别""景区""了解途径""交通工具""不足之处""费用"。

（19）添加两个新页面，一个页面用于制作"提交成功"提示页，另一个页面用于制作"提交失败"提示页，将"背景"素材添加到对应的舞台上，并输入对应的"提交成功""提交失败"文字，调整文字的大小和位置。

（20）选择"提交"文字，单击🅰️按钮，打开"编辑行为"对话框，在左侧选择"数据服务"展开列表中的"提交表单"选项，在右侧设置"触发条件"为"点击"。

（21）单击🖊按钮，打开"参数"对话框，选中提交目标，这里选中重命名后的文本，在"操作成功后""操作失败后"下拉列表中均选择"跳转到页"选项，单击"操作成功后"选项右侧的 编辑 按钮。

（22）打开"参数"对话框，在"页名称"下拉列表中选择"第3页"，单击 确认 按钮，单击"操作失败后"选项右侧的 编辑 按钮，在打开的"参数"对话框中设置"页名称"为"第4页"，依次单击 确认 按钮。

（23）单击"预览"按钮🖵，体验表单的可操作性。

知识拓展

在日常生活中，若要使用表单来完成较长考题的制作，会显得过于麻烦，此时可使用工具箱中的预置考题工具来完成。预置考题工具可以轻松地在H5作品中制作多种类型的题目，如单选题、多选题、填空题和判断题，设计师可根据需求选择常用的预置考题工具。

● 制作单选题。选择工具箱中的"单选题"工具▤，在舞台上拖动鼠标，将自动打开"预置考题"对话框，在其中输入题目、选项、答题反馈和分数等内容，单击 确认按钮，此时舞台上将出现制作的单选题。

• 制作多选题。选择"多选题"工具，在舞台上拖动鼠标，将自动打开"预置考题"对话框，在其中输入题目、选项、答题反馈和分数等内容，单击 确认 按钮，此时舞台上将出现制作的多选题。

• 制作判断题。选择"判断题"工具，在舞台上拖动鼠标，将自动打开"预置考题"对话框，在其中输入考题名称、考题题干、答案等内容，单击 确认 按钮，此时舞台上将出现制作的判断题。

• 制作填空题。选择"填空题"工具，在舞台上拖动鼠标，将自动打开"预置考题"对话框，在"考题名称"文本框中输入考题名称，在"考题题干"文本框中输入考题题干，单击 +添加填空 按钮，题目中会自动标出第1个填空的位置，同时在题目下方的"选项"列表中将自动添加该填空的答案填写行，完成后在下方设置分数，单击 确认 按钮，此时舞台上将出现制作的填空题。

本章小结

本章主要讲解了对关联和表单的设计与应用。针对关联，本章介绍了不同类型的关联方式，如舞台动画关联、元件动画关联、属性关联、自动关联、公式关联等。通过关联，我们可以实现各种交互效果，提升用户体验，更好地展示企业形象和信息。

针对表单，本章讲解了表单的内容，以及在设计表单时要根据不同需求选择合适的表单工具来制作不同类型的表单，设计出高效、便捷的表单。

通过本章的学习，我们可以掌握关联和表单的基本设计原理和应用方法，这些技能将有助于更好地提升H5页面设计项目的用户体验，实现所需的交互功能。

课后习题

1. 单项选择题

（1）通过连接和交互来建立页面元素之间的逻辑关系和互动效果的是（　　）。

    A. 关联　　　　　　B. 动画　　　　　　C. 逻辑　　　　　　D. 表单

（2）将一个元素的属性值与另一个元素的属性值相关联的是（　　）。

    A. 原件关联　　　B. 属性关联　　　C. 舞台关联　　　D. 自动关联

（3）主要在多项选择时使用的是（　　）。

    A. 多选框　　　　　B. 下拉列表框　　　　　C. 文本框　　　　　D. 复选框

2. 多项选择题

（1）下列选项中，常用的关联方式有（　　）。

    A. 属性关联　　　　B. 舞台关联　　　　　C. 自动关联　　　　　D. 公式关联

（2）下列选项中，属于Mugeda表单工具的有（　　）。

    A. 输入框　　　　　B. 单选框　　　　　C. 多选框　　　　　D. 列表框

（3）预置考题工具能轻松制作的考题类型有（　　）。

    A. 单选题　　　　　B. 多选题　　　　　C. 填空题　　　　　D. 判断题

3. 简答题

（1）简述关联中舞台动画关联和元件动画关联的区别和相似性。

（2）简述自动关联的方法。

（3）简述表单的使用方法。

4. 实操题

选择4款你喜欢的零食，设计一个H5调查表，调查这4款零食中哪款更受用户欢迎。要求先使用关联的方法制作调查表的封面，然后制作调查表的内容，其内容需要包含用户的性别和年龄、零食类目、选择原因等信息（配套资源：素材文件\第7章\零食调查表H5页面素材.psd）。参考效果如图7-43所示。

▲ 图7-43 "你喜欢哪款零食"调查表H5页面

第8章 综合实训——设计企业招聘H5页面

企业招聘H5页面是企业展示招聘信息的一种方式。优秀的企业招聘H5页面能提高招聘效率，为企业节约时间及资金成本。企业招聘H5页面要明确企业的定位及愿景、目标，需要招聘的岗位、招聘要求等，帮助应聘者了解企业。另外，还要让应聘者登记信息，帮助企业快速找到应聘者。

—— **知识目标**

1　能够构思企业招聘H5页面，并绘制原型图和搜集素材。

2　掌握企业招聘H5页面的设计方法。

—— **素养目标**

1　提升自身的团队协作能力与沟通能力。

2　将企业文化与品牌故事融入页面设计，提高用户的认同感。

—— **学习导图**

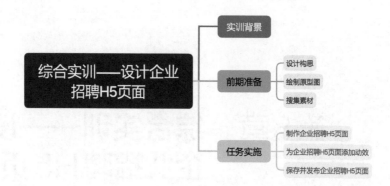

8.1 实训背景

海科众网络科技公司是一家专注于互联网技术创新的高科技企业，致力于为客户提供优质的数字化解决方案。为了进一步提升公司的专业水平和业务能力，现准备招聘新员工，为此需要制作企业招聘H5页面，以加深应聘者对企业的印象，以及统计应聘者的信息。

8.2 前期准备

在制作企业招聘H5页面前，需要做好前期准备工作，包括构思页面内容、绘制原型图、搜集使用的素材等准备工作。

8.2.1 设计构思

该H5页面主要用于企业招聘，在其中要展示企业的基本信息、福利待遇、招聘岗位等内容，还要能搜集信息，方便应聘者登记。经过设计构思，可将企业招聘H5页面分为以下5个页面。

- 企业招聘首页。采用文字摆动的方式作为首页，以吸引应聘者。整个页面分为3个部分，第1个部分主要展示摆动的英文字母；第2个部分展示企业名称；第3个部分添加跳转按钮，以方便跳转至下一页。

- 企业介绍页面。主要展示企业基本信息。在设计时可以先添加素材背景，然后添加标题文字和正文。注意要将企业的基本信息介绍清楚，以便于应聘者浏览。

- 招聘岗位页面。招聘岗位页面用于介绍企业招聘的岗位。该页面可以采用跳转的形式对招聘的岗位进行罗列，也可采用单击弹出的方式展示，以方便查看。

- 福利待遇页面。主要用于展示企业的福利信息，如六险两金、带薪休假、公司福利等，该页面应起到吸引应聘者关注的目的。

- 登记信息页面。主要用于搜集人才数据。在设计时可直接使用添加表单的方式制作。在添加表单时，可以通过设置表单信息将需要展示的内容体现出来。

人才素养　设计师在构思企业招聘H5页面内容时，需要发挥创新能力，能够根据企业的特点和目标应聘者，提出创新的设计思路，为H5页面增加亮点和吸引力。同时设计师需要具备出色的审美能力，保证H5页面的美观性和易用性，能够根据企业的特点设计出符合企业形象的企业招聘H5页面。

8.2.2 绘制原型图

完成企业招聘H5页面的设计构思后，可绘制H5页面原型图。图8-1所示为企业招聘H5页面原型图，设计师在原型图中需要说明页面的布局方式和动效。

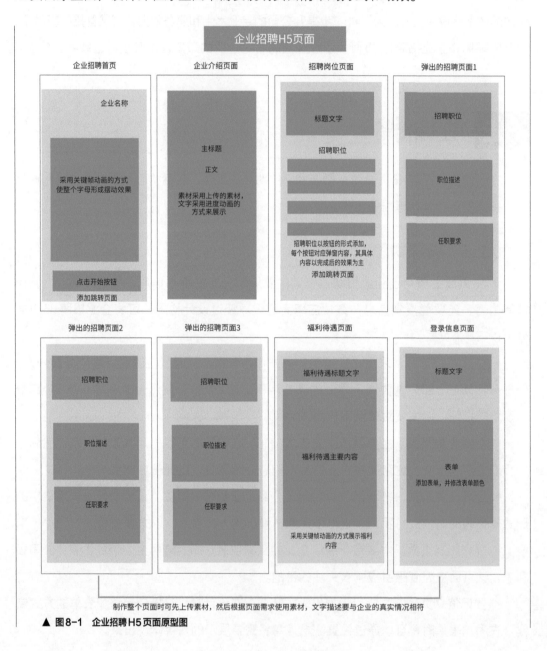

▲ 图8-1 企业招聘H5页面原型图

8.2.3 搜集素材

在设计企业招聘H5页面前，设计师可以先从企业内部搜集企业介绍信息。为了提高H5页面的美观度，还可在素材网站中下载需要使用的素材，以方便后期进行H5页面的制作。图8-2所示为企业招聘H5页面所搜集的部分素材,通过这些素材的添加和组合即可实现所需效果。

▲ 图8-2　部分素材效果

8.3　任务实施

整个企业招聘H5页面分为制作企业招聘H5页面,为企业招聘H5页面添加动效,以及保存并发布企业招聘H5页面3个部分。

8.3.1　制作企业招聘H5页面

具体操作步骤如下。

（1）启动并登录Mugeda,新建"W"为"640","H"为"1136"的文档。选择"导入Photoshop（PSD）素材"工具 🅿️,打开"导入Photoshop（PSD）素材"对话框,上传并添加"企业招聘H5页面首页素材.psd"素材（配套资源：素材文件\第8章\企业招聘H5页面首页素材.psd）,然后分层导入内容,并调整图层的位置,如图8-3所示。

微课视频

制作企业招聘H5页面

（2）添加新页面,选择"导入Photoshop（PSD）素材"工具 🅿️,打开"导入Photoshop（PSD）素材"对话框,上传并添加"企业招聘H5页面首页内页1.psd"素材（配套资源：素材文件\第8章\企业招聘H5页面首页内页1.psd）,然后分层导入内容,再在"时间线"面板中调整图层的位置,使其能够完整显示,如图8-4所示。

（3）新建图层,选择"文字"工具 🅃,在黄色矩形中输入公司介绍文字,在"属性"面板中设置"填充色"为"白色","字体"为"思源黑体-DemiLight","大小"为"32",效果如图8-5所示。

173

（4）添加新页面，上传并添加"企业招聘H5页面首页内页2.psd"素材（配套资源：素材文件\第8章\企业招聘H5页面首页内页2.psd），然后分层导入内容，再在"时间线"面板中调整图层的位置，使其能够完整显示，如图8-6所示。

▲ 图8-3　制作第1页

▲ 图8-4　添加第2页素材

▲ 图8-5　输入文字

▲ 图8-6　添加第3页素材

（5）新建图层，选择"文字"工具，分别在不同的矩形中输入文字，在"属性"面板中设置"填充色"为"白色"，"字体"为"思源黑体–DemiLight"，"大小"为"35"，效果如图8-7所示。

（6）添加新页面，上传并添加"企业招聘H5页面首页内页3.psd"素材（配套资源：素材文件\第8章\企业招聘H5页面首页内页3.psd），然后分层导入内容，再在"时间线"面板中调整图层的位置，使其能够完整显示。选择"矩形"工具，绘制2个580像素×360像素的矩形，设置"填充色"为"251""204""49""1"，"边框色"为"白色"，"边框大小"为"10"，效果如图8-8所示。

（7）新建图层，选择"文字"工具，分别在不同的矩形中输入文字，在"属性"面板中设置"填充色"为"白色"，"字体"为"思源黑体–DemiLight"，"大小"为"31"，效果如图8-9所示。

（8）添加新页面，上传并添加"企业招聘H5页面首页内页4.psd"素材（配套资源：素材文件\第8章\企业招聘H5页面首页内页4.psd），分层导入内容并调整图层的位置，使用与前面相同的方法绘制矩形并输入文字，效果如图8-10所示。

（9）添加新页面，上传并添加"企业招聘H5页面首页内页5.psd"素材（配套资源：素材文件\第8章\企业招聘H5页面首页内页5.psd），分层导入内容并调整图层的位置，使用与前面相同的方法绘制矩形并输入文字，效果如图8-11所示。

▲ 图8-7 制作第3页

▲ 图8-8 添加第4页素材

▲ 图8-9 制作第4页

▲ 图8-10 制作第5页

（10）添加新页面，上传并添加"企业招聘H5页面首页内页6.psd"素材（配套资源：素材文件\第8章\企业招聘H5页面首页内页6.psd），分层导入内容并调整图层的位置。选择"椭圆"工具，绘制不同大小的圆形，并填充为不同的颜色。使用"文字"工具 在对应的圆形中输入文字，然后调整字体大小、位置和颜色，效果如图8-12所示。

（11）添加新页面，上传并添加"背景.png"图片（配套资源：素材文件\第8章\背景.png），选择"导入图片"工具，弹出"素材库"对话框在左侧"公有"栏中选择"教育"展开列表中的"装饰图案"选项，在右侧选择"蓝红色剪刀"选项，单击 添加 按钮，如图8-13所示。选择"文字"工具，在图片右侧输入"登记信息"文字，调整字体大小、位置和颜色，完成第8页背景和标题的制作。

▲ 图8-11 制作第6页

▲ 图8-12 制作"福利待遇"页

▲ 图8-13 添加图片

8.3.2 为企业招聘 H5 页面添加动效

具体操作步骤如下。

（1）选择第1页，在第50帧处按【F5】键，添加帧。选择"J"图层，选择第10帧，单击鼠标右键，在弹出的快捷菜单中选择"插入关键帧动画"命令，创建关键帧动画。选择第1帧，使用"变形"工具█旋转"J"，使其形成左右拖动的动画效果。然后选择第50帧处的红点，向左拖动到第10帧处，释放鼠标，确定终点帧位置，如图8-14所示。

▲ 图8-14　为"J"创建动画

（2）使用相同的方法为"O""I""N"文字插入关键帧动画，通过调整关键帧位置，使其形成左右摆动的效果，如图8-15所示。

（3）选择公司标签文字，单击█图标，打开"添加预置动画"面板，选择"移入"选项，如图8-16所示。

（4）选择"点击开始"所在图形右侧的█按钮，打开"编辑行为"对话框。选择"动画播放控制"展开列表中的"下一页"选项，在"触发条件"下拉列表中选择"点击"选项。返回舞台可发现黄色的图标变为了绿色，表示图形已经添加了行为，效果如图8-17所示。

▲ 图8-15　创建其他动画

▲ 图8-16　添加预置动画

▲ 图8-17　添加行为

（5）选择第2页，在第50帧处按【F5】键，添加帧。选择文字所在的图层，选择第50帧，单击鼠标右键，在弹出的快捷菜单中选择"插入进度动画"命令，创建进度动画。选择人物所在的图形，在第50帧处插入关键帧动画，选择第1帧，将图形移动到舞台左侧，如图8-18所示。

（6）选择第3页，选择"维修主管"所在的矩形，单击右侧的█按钮，打开"编辑行为"对话框。选择"动画播放控制"展开列表中的"跳转到页"选项，在右侧的"触发条件"

▲ 图8-18　移动图形

下拉列表中选择"点击"选项，如图8-19所示。

（7）单击◢按钮，打开"参数"对话框，设置"页名称"为"第4页"，单击 确认 按钮，如图8-20所示。

▲ 图8-19 编辑行为

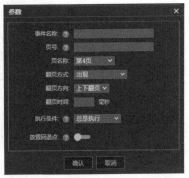

▲ 图8-20 设置参数

（8）使用相同的方法为其他矩形添加行为，并根据矩形中的文字内容插入对应的跳转页面。

（9）选择第7页，在"背景""圆角矩形1""福利待遇"图层的第50帧处按【F5】键插入帧。选择蓝色圆形所在的图层，在第9帧处，单击鼠标右键，在弹出的快捷菜单中选择"插入关键帧动画"命令，插入关键帧动画。然后选择第1帧，将图形向上拖动，使其形成自上而下的效果，如图8-21所示。

（10）使用相同的方法为其他图形插入关键帧动画，如图8-22所示。完成后查看动画效果，如图8-23所示。

▲ 图8-21 插入关键帧动画

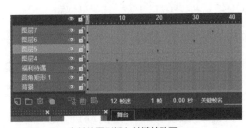

▲ 图8-22 为其他图形插入关键帧动画

▲ 图8-23 查看动画效果

（11）选择第8页，单击"表单"工具▦，打开"编辑表单"对话框，在"表单名称"右侧的文本框中输入"登记表信息"，设置"背景颜色"为"蓝色"，"字体大小"为"24"，单击 添加表单项 按钮，如图8-24所示。

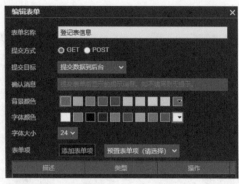

▲ 图8-24　编辑表单

（12）打开"添加表单项"对话框，设置"名称"为"姓名"，"类型"为"输入框"，完成后单击 保存 按钮，如图8-25所示。使用相同的方法添加"邮件""电话"表单项，完成后单击 确认 按钮。

（13）返回舞台，使用"变形"工具 调整表单的位置和大小，如图8-26所示。

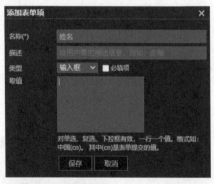

▲ 图8-25　添加表单项

▲ 图8-26　调整表单的位置和大小

8.3.3　保存并发布企业招聘H5页面

完成企业招聘H5页面的制作后，选择【文件】/【保存】命令，打开"保存"对话框，在"文件名"文本框中输入"企业招聘H5页面"文字，单击 保存 按钮，保存文件。单击 前往发布页面 按钮，打开发布页面，在中间显示了要发布的H5页面效果，单击右上角的 发布作品 按钮，稍等片刻，当H5页面认证成功后，将自动进入发布页面，最后单击 确认发布 按钮，完成发布操作，如图8-27所示。扫描二维码可查看企业招聘H5页面发布后的效果，如图8-28所示。

▲ 图8-27 发布作品

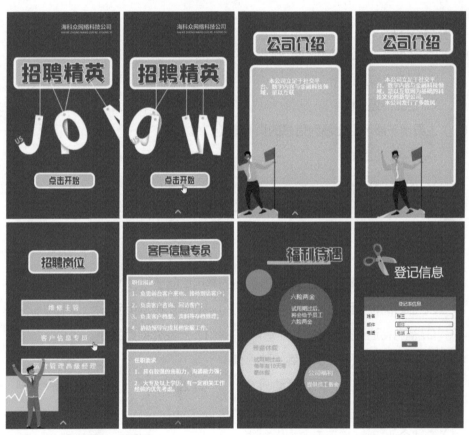

▲ 图8-28 企业招聘H5页面效果

 本章小结

179

本章主要以案例的方式讲解Mugeda各种工具的使用方法，分为实训背景、前期准备和任务实施3个部分。实训背景介绍了该企业的相关信息，以及制作企业招聘H5页面的原因。前期准备阶段包括设计构思、绘制原型图以及搜集素材，设计构思明确了H5页面的整体内容，提出了清晰的设计思路；绘制原型图可以更好地规划页面结构和元素布局；搜集素材为H5页面提供了丰富的信息和素材支持。

任务实施阶段包括制作企业招聘H5页面，为页面添加动效以及保存并发布页面。页面制作要求设计师运用所学的知识和工具，按照设计构思和原型图进行页面设计和开发。为页面添加动效可以增加页面的互动性和吸引力，提升用户体验。

课后习题

1. 单项选择题

（1）用于介绍企业招聘岗位的页面是（　　）。

    A. 招聘岗位页面   B. 企业介绍页面

    C. 企业待遇页面   D. 产品介绍页面

（2）主要用于展示企业福利信息的页面是（　　）。

    A. 招聘岗位页面   B. 信息展示页面

    C. 福利待遇页面   D. 产品介绍页面

（3）在"编辑行为"对话框中，若需要跳转到下一页可使用的行为是（　　）。

    A. 下一页   B. 上一页   C. 上一帧   D. 下一帧

2. 多项选择题

（1）下列选项中，属于企业招聘H5页面的常用页面是（　　）。

    A. 招聘岗位页面   B. 信息展示页面

    C. 福利待遇页面   D. 产品介绍页面

（2）企业招聘H5页面中使用到的动画有（　　）。

    A. 关键帧动画   B. 进度动画   C. 遮罩动画   D. 元件动画

3. 简答题

（1）简述企业招聘H5页面的构思方法。

（2）简述企业招聘H5页面的制作方法。

4. 实操题

使用素材文件（配套资源：素材文件\第8章\家装节产品推H5页面\）制作家装节产品推广H5页面。整个H5页面分为首页、产品介绍页面和活动内容页面，设计时先添加语音来电互动，然后依次制作首页、产品介绍、活动内容等页面，并为文字添加动效。